油圧・空気圧回路
書き方&設計の基礎教本

一般社団法人 日本フルードパワー工業会 [編]

渋谷文昭・増尾秀三 [共著]

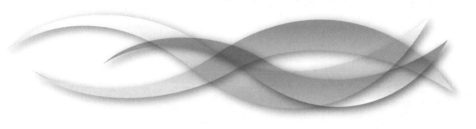

Ohmsha

本書を発行するにあたって，内容に誤りのないようできる限りの注意を払いましたが，本書の内容を適用した結果生じたこと，また，適用できなかった結果について，著者，出版社とも一切の責任を負いませんのでご了承ください．

本書は，「著作権法」によって，著作権等の権利が保護されている著作物です．本書の複製権・翻訳権・上映権・譲渡権・公衆送信権（送信可能化権を含む）は著作権者が保有しています．本書の全部または一部につき，無断で転載，複写複製，電子的装置への入力等をされると，著作権等の権利侵害となる場合があります．また，代行業者等の第三者によるスキャンやデジタル化は，たとえ個人や家庭内での利用であっても著作権法上認められておりませんので，ご注意ください．

本書の無断複写は，著作権法上の制限事項を除き，禁じられています．本書の複写複製を希望される場合は，そのつど事前に下記へ連絡して許諾を得てください．

出版者著作権管理機構
（電話 03-5244-5088, FAX 03-5244-5089, e-mail: info@jcopy.or.jp）

JCOPY ＜出版者著作権管理機構 委託出版物＞

まえがき
Preface

　「フルードパワー」の代表格として、油圧・空気圧の両駆動システムは、古くからよく知られています。油圧の歴史は、おおむね1900年からスタートし、空気圧はそれに続きます。現在では、建設機械、プレス、工作機械、樹脂成形機械、搬送装置などの機械・装置に幅広く使用されています。これらの駆動技術はいわば完成域に達していますが、その使い方にはノウハウがあり、それがとくに油圧において一見とっつきにくいと思われるゆえんです。しかし、機器類の組合せ方・使い方、システムとしての動かし方の原則や実用面でのノウハウがわかれば、これほど使用領域の広い駆動方式は存在しないといっても過言ではありません。これらの特徴は、空気圧システムについても類似の要素があり、両システムがフルードパワーの応用に関して独自の世界を形成しています。

　本書は、機器類の解説を必要最小限に留め、それらの組合せ方（回路）、動かし方（制御）をメインテーマとする、わかりやすく、使いやすい解説の提供を目的として著わされています。このため、さまざまな駆動機械のうちの代表例を抽出して、作動の原理・原則、最適な回路・作動方法などを重点的に示して実用的指針を解説してあります。回路設計のための教本、トレーニング書としての効果が期待できるはずであり、このような観点で書かれた類書は、残念ながらあまり存在していません。

　著者のお二人は、日本フルードパワー工業会が責任をもって推薦したこの分野の権威です。フルードパワーの技術者を目指して勉学に励んでいる方々、すでに関連業務に従事している方々、あらためて回路技術を見直してみたい中堅技術者の方々にとって役立つ一冊になることでしょう。まずは手に取っていただきたい

まえがき

と思います。

　なお、次頁に、油圧編、空気圧編の両著者による「各編の構成＆学習ポイント」を記していただきました。

　編者として本書を強く推薦し、まえがきに代えさせていただきます。

　平成28年8月

一般社団法人 日本フルードパワー工業会
編者を代表して　大橋　彰

各編の構成＆学習ポイント

　本書は、油圧編、空気圧編ともに全4章の構成とし、フルードパワーをこれから学ぶ方々から実務設計者にいたる方々のための有益な実用書をねらいとしています。

　両編は、目次構成を統一し、重複事項の記載は極力減らすように配慮しました。しかし、油圧と空気圧には作動媒体が液体と気体という大きな違いがあり、応用分野も異なるため、項立てや解説は微妙に異なっています。一方で、相互に参照すべき駆動方式の特徴等も書かれていますので、両編を通して読み解いていただくことをおすすめします。是非、フルードパワーシステム設計の扉をノックしてみてください。

【油圧編】

- 1章で基本となる原理、装置の構成、回路、図記号、作動油の簡単な説明から流体力学の基礎まで、2章で油圧システムを構成する機器の構造と働きを解説しています。3章では基本回路の分類と主要8種の回路を概説し、4章では2つの油圧装置の実例を詳細に示して油圧回路設計のやり方を解説しています。
- 回路設計に関しては、検討項目の手順や計算式と単位を明記して実際の設計に応用できるようにしました。回路図には実際の動作状態に合わせた図記号により管路を色分けして読みやすくしました。

【空気圧編】

- 1章で空気圧システムを扱うために必要な原理・計算式からシリンダの選定まで、2章で空気圧システムを構成する機器の構造と働きを解説しています。3章では空気圧回路の図記号、基本回路、および回路設計に必要な知識を中心に、4章では空気圧システムの設計手順と回路の安全を解説しています。
- 回路設計面からは、油圧・空気圧の図記号に関する引用規格を示し、とくに安全規格に関して全貌をわかりやすく図示しました。また、応用面から工場ネットワークに関するシリアル伝送方式なども示したほか、サイドノートには実務に役立つポイントを中心に解説を加えました。

目 次

Contents

油 圧 編

1章 油圧の基礎 ………………………………………………… 1
  1-1 油圧とは何か？ ……………………………………… 1
  1-2 油圧回路とは？ ……………………………………… 8
  1-3 図記号とは？ ………………………………………… 10
  1-4 作動油 ………………………………………………… 12
  1-5 流体の流れ …………………………………………… 18

2章 油圧機器の構造と機能 ………………………………… 28
  2-1 油圧ポンプ …………………………………………… 28
  2-2 油圧制御弁 …………………………………………… 32
  2-3 アクチュエータ ……………………………………… 49
  2-4 アクセサリ …………………………………………… 53

3章 油圧基本回路 …………………………………………… 58
  3-1 基本回路の分類 ……………………………………… 58
  3-2 調圧回路 ……………………………………………… 60
  3-3 アンロード回路 ……………………………………… 63
  3-4 減圧、増圧および圧抜き回路 ……………………… 66
  3-5 シーケンス回路およびカウンタバランス回路 …… 68
  3-6 速度制御回路、差動回路、減速回路 ……………… 70
  3-7 同期回路 ……………………………………………… 72
  3-8 ロッキング回路、カートリッジ弁回路、閉回路 … 74
  3-9 省エネルギー回路 …………………………………… 76

目　　次

4章　油圧回路の設計 …………………………………………………… 78
　　4-1　油圧回路の設計手順 ……………………………………………… 78
　　4-2　油圧回路の設計　実施例1（600t SMCプレス）………… 86
　　4-3　油圧回路の設計　実施例2（閉ループ制御の油圧圧下装置）… 109

空気圧編

1章　空気圧の基礎 …………………………………………………… 135
　　1-1　空気圧とは？ ……………………………………………………… 135
　　1-2　空気圧シリンダの推力 …………………………………………… 140
　　1-3　空気の流量 ………………………………………………………… 142
　　1-4　シリンダ駆動システムの選定 …………………………………… 146
　　1-5　空気圧の長所・短所 ……………………………………………… 153

2章　空気圧機器の構造と機能 …………………………………… 155
　　2-1　空気圧システムの構成 …………………………………………… 155
　　2-2　圧縮空気発生源 …………………………………………………… 156
　　2-3　調質機器 …………………………………………………………… 161
　　2-4　制御弁 ……………………………………………………………… 168
　　2-5　空気圧シリンダ …………………………………………………… 183
　　2-6　その他アクチュエータ …………………………………………… 192

3章　空気圧回路の基本と応用回路 ……………………………… 200
　　3-1　空気圧の図記号 …………………………………………………… 200
　　3-2　基本回路 …………………………………………………………… 209
　　3-3　応用回路 …………………………………………………………… 220

4章　空気圧システム設計 …………………………………………… 229
　　4-1　空気圧回路設計 …………………………………………………… 229
　　4-2　空気圧システムの安全確保 ……………………………………… 240
　　4-3　保全管理の概要 …………………………………………………… 248

索　引 ………………………………………………………………………… 253

油圧編 1章 油圧の基礎

1-1 油圧とは何か？

▶ 1-1-1 油圧の基本原理（パスカルの原理）

油圧とは流体を使って動力を伝達するシステムですが、この基本原理は次のとおりです（**図1-1**）。密閉した容器の中の液体に一定の力を加えると、液体は非圧縮性なので、体積は減らず圧力が発生します。しかも、「この圧力はどの方向にも等しく、かつ容器の各面に垂直に作用する」というもので、これは**パスカルの原理**と呼ばれています。

図1-2はでこの原理を応用したものです。連通管の両開口部

❶ パスカルの原理
Biaise Pascal（1623〜1662年）の1648年の発見といわれています。

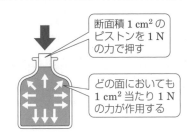

図1-1 パスカルの原理

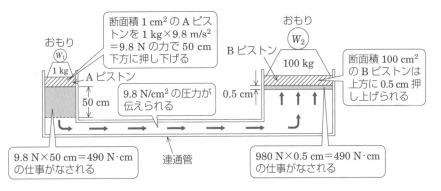

図1-2 液体による力の増大

の断面積の比率を1対100とした場合には、小ピストン（A）に1kgのおもりを載せると、大ピストン（B）には100kgのおもりを載せて釣り合います。これはてこの原理と同じように、液体によっても力を増大できることを示しています。

これはパスカルの原理によって、小ピストンにも大ピストンにも同じ圧力が発生するために、大ピストンにはこのピストンの面積比に比例した大きさの力が得られるためです。この液体による力の増大が「油圧」の基本原理です。

▶ 1-1-2　油圧装置の原理

油圧装置とは何か？　図1-3を用いて説明します。

（a）はパスカルの原理によって液体による力の増大ができることを示しています。しかし、これではおもりを連続的に上げることができません。

（b）は油タンクとチェック弁を追加したものです。これでハンドポンプのレバーの上げ下げを繰り返すことができます。しかし、おもりを連続的に上げることはできますが、下げることはできません。

（c）と（d）は油圧ポンプと方向切換弁を追加したものです。このことによって、連続的な動きで、おもりを上下に往復運動させることができます。

（c）は方向切換弁のスプールが中央位置状態で、油圧ポンプの吐出油をスプールの中を通し、タンクへ戻すことによって、シリンダは停止しています。

（d）は方向切換弁のスプールを上方向に切り換えた状態を示しています。油圧ポンプが吐き出した油はシリンダへ流れ込み、おもりを上昇させます。方向切換弁のスプールをこの図とは逆側に切り換えると、方向切換弁の中で油の流れる方向が逆になり、今度はおもりが下降します。

このように、連続的に油を吐き出す油圧ポンプ、各種制御弁およびシリンダ等のアクチュエータで構成した油の液圧システムを一般に**油圧装置**と呼んでいます。

❶ スプール
　スプールは軸方向に移動して流路の開閉を行う構成部品です。

1-1 ■ 油圧とは何か？

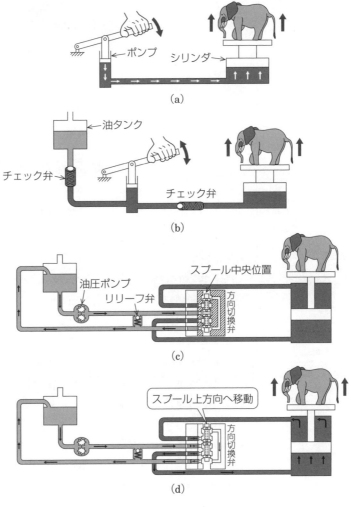

図1-3　油圧装置の原理

▶ 1-1-3　油圧装置の基本構成

　油圧装置の基本構成は一般に**図1-4**のように5つの機能から成り立っています。

1章 ■ 油圧の基礎

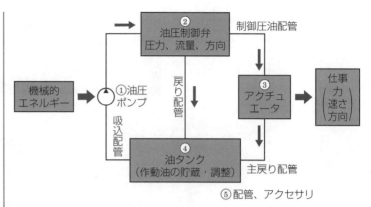

図1-4 油圧装置の基本構成

① 油圧ポンプ（油の吐出し）
油圧ポンプは動力伝達を行うための油の吐出しを行っています。
② 油圧制御弁（油のコントロール）
油圧制御弁は外部からの指令を受けて、アクチュエータへ供給する油の流れの方向、圧力および流量を制御しています。
③ アクチュエータ（機械的動力への変換）
アクチュエータは油の有する動力を機械的動力に変換するもので、直線運動を行うシリンダと回転運動を行う油圧モータに分類されます。
④ 油タンク（油の貯蔵）
油タンクは作動油を貯蔵することが主目的ですが、この他に、混入空気の放出、運転中に生じる摩耗粉および油劣化物の沈殿、外部から侵入した水分の沈殿、油温調節等の働きがあります。
⑤ 配管、アクセサリ
アクセサリは一般に、計測器および表示器、フィルタ、アキュムレータ、熱交換器等をいいます。

▶ 1-1-4 油圧装置の長所と短所

油圧装置には次の長所があり、多くの機械の自動化、省力化の手段として使われています。

❷ 油圧ポンプ
閉回路の場合には、油圧ポンプは油の吐出し方向も制御します。

回転速度制御の両方向回転ポンプの場合には、油圧ポンプは油の吐出しと逆回転での圧抜きを行います。

1-1 ■ 油圧とは何か？

① 動力伝達が容易

一般に機械は歯車、ベルト、チェーン等を用いて動力を伝達し、カム、リンク、ねじ等で動きを変換しますが、動力源と駆動部分が離れると動力伝達が難しく機械の構造が複雑になります。

しかし、油圧の場合には動力源の油圧ポンプと駆動部のアクチュエータとの間を配管で連結するだけで容易に達成できます。

② 無段変速が容易

一般にエンジンは効率を高めるために高速回転していますが、高トルクが必要な場合にはエンジンが停止しないように適正な回転数に変換する変速機構が必要になります。

しかし、油圧の場合はアクチュエータへの供給流量をゼロから最大値まで連続的に変えるだけで容易に速度が変更できます。

③ 遠隔操作が容易

油圧ポンプや油圧制御弁を操作する機構は使用環境に合わせて電気式、油圧パイロット式、空気圧パイロット式等が揃っており、容易に遠隔操作が実現できます。

④ 過負荷に対する安全性が高い

油圧の場合はリリーフ弁を設けることによって容易に過負荷を防止できます。また、電動式では外部からの衝撃力をボールねじの点で受けるのに対し、油圧の場合はシリンダピストン等の面で受けるために強度を大きく保つことができます。このため、最近では災害救助ロボットの駆動源等で油圧式が見直されています。

⑤ アクチュエータのパワー密度が大きい

油圧モータは圧力を上げるだけで高トルクが得られるため、電動式の DC モータ、AC モータと比較して質量当たりの出力は約 10 倍程度大きくできます。

⑥ 寿命が長い

動力伝達の媒体である油は油圧装置の潤滑の役目を果たしており、電動式に比べて寿命がはるかに長く、保守が楽です。このため、最近になって射出成形機等では油圧駆動方式が見直されています。

一方、油圧装置には次のような短所があり、課題とされています。

① 汚染物質混入による油圧機器の機能不良

髪の毛の太さ（60μm程度）より小さい汚染物質になると、目に見えないために管理がしづらくなりますが、汚染物質の大きさは各油圧機器のしゅう動部のすき間の大きさと密接に関係し影響を及ぼします。

すき間より小さい汚染物質は油圧機器の漏れ量を増大させ、すき間とほぼ等しい大きさの汚染物質は焼付き・カジリの原因となりやすいです。

このため、油圧装置の油は常に清浄に保たなければなりません。

図1-5にフィルタの使い方、**表1-1**に油圧装置の汚染物質の種類、**表1-2**に油圧機器の隙間と主な摩耗形態を示します。

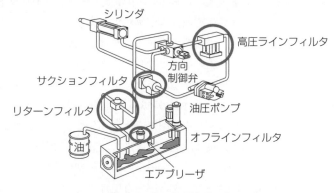

図1-5　フィルタの使い方

② 油温変化による速度の変動

油圧装置の油温が上昇すると油の粘性もサラサラな状態に変化し、油圧ポンプの漏れ量が増え、油圧制御弁の流量特性に変動が生じることによって、アクチュエータの速度は微小に変化します。

このため、精密な速度制御を行うには油温を一定にしたり、温度ドリフトの少ない制御弁を用いたりすることが必要です。

表 1-1　油圧装置の汚染物質の種類

汚染形態	汚染物質
残留 (製造工程中に侵入したものが、各種洗浄で除去できず、残ったもの)	・溶接スパッタや金属片 ・鋳物やショットブラストの砂 ・ウエス等の繊維 ・塗料の破片 ・酸化物（さび）
内部発生 (運転中に油圧装置内部で発生したもの)	・しゅう動部の摩耗金属粉 ・シール材の破片 ・作動油の劣化によるスラッジ
侵入 (外部から侵入したもの)	・アクチュエータしゅう動部からの侵入ゴミ ・エアブリーザからの侵入ゴミ ・注油時の侵入ゴミ

表 1-2　油圧機器のすき間と主な摩耗形態

油圧機器	運転中のすき間〔μm〕	主な摩耗形態
ピストンポンプ ・ピストンとシリンダボア ・バルブプレートとシリンダブロック	20～50 0.5～5	凝着摩耗 アブレッシブ摩耗
ベーンポンプ ・ベーンの側面 ・ベーンの先端	20～40 0.5～1	凝着摩耗 アブレッシブ摩耗
サーボ弁 ・オリフィス ・スプールとスリーブ	130～450 1～20	目詰まり アブレッシブ摩耗

③　油漏れ

　油漏れは環境の汚染になり嫌われます。

　油漏れの要因は封止する箇所の表面粗さ、硬さ、形状、シール材の材質やつぶし量、締付けトルク、周囲の振動、温度変化、粉じんの有無等多岐にわたり、油漏れをなくすには設計、組立、保守のそれぞれで留意する必要があります。

1-2 油圧回路とは？

　油圧回路とは、油圧システムおよび油圧機器の機能を表す図記号を用いて油圧制御システムを表現したものです。

　JIS B 0125-2「油圧・空気圧システム及び機器-図記号及び回路図-第2部：回路図」にて、回路図作成のルールを規定しており、この規格に基づいて作成したクランプ装置の回路図の例を**図1-6**に示します。

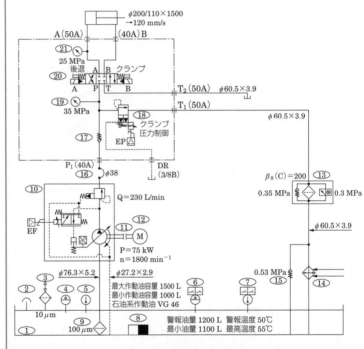

図1-6　JIS規格に基づいて作成した回路図の例

　回路図の表記は、油圧機器の形式と油路のつながりの他に、下記内容の表記が規定されています。

　a. 油圧ポンプの可変容量の方式と回転速度、回転方向、吐出流量

　b. 油圧ポンプ駆動源の種類と大きさ

c. 圧力制御の方法と設定圧力
　　d. 流量制御の方法と設定値
　　e. 方向切換の方法
　　f. アクチュエータの種類と大きさ、制御速度
　　g. 油タンクの大きさおよび作動油の冷却方法等
　また、作動油の清浄度管理および油温管理に関する次のh～nの項目も表記するよう規定されています。
　　h. 使用する作動油の種類と粘度特性
　　i. 使用可能な油タンク内作動油の最大油量と最小油量
　　j. レベルスイッチで設定する作動油の警報油量と最小油量
　　k. サーモスタットで設定する作動油の警報温度と最高温度
　　l. ストレーナのろ過精度（〔μm〕表示）
　　m. フィルタのろ過精度（β値での表示）および目詰まり表示圧力とバイパス弁のクラッキング圧力
　　n. エアブリーザのろ過精度（〔μm〕表示）

　この規格は油圧回路が見やすく、回路の機能が理解しやすいように油圧機器の配置を次のように規定しています。
　油圧ポンプは図面の左側の下部に、アクチュエータは上部とし、油は下から上へ、左から右方向へ流れるように表します。
　また、接続する配管はできるだけ交差しないようにします。

1章 油圧の基礎

1-3 図記号とは？

　図記号は油圧システムおよび油圧機器の構造ではなく、機能を表すものとして、JIS B 0125-1 第1部で規定されています。
　この図記号が表す主な油圧の機能は次の通りです。
① 油の流れる方向
② 操作の方法（マニュアル方式、パイロット油圧方式、ばね力、電磁力等）
③ 回転方向
　また、主な図記号を**図1-7**に示します。

> ❶ カットオフ
> 吐出し量制御が働いて、流量を減少させることをいいます。

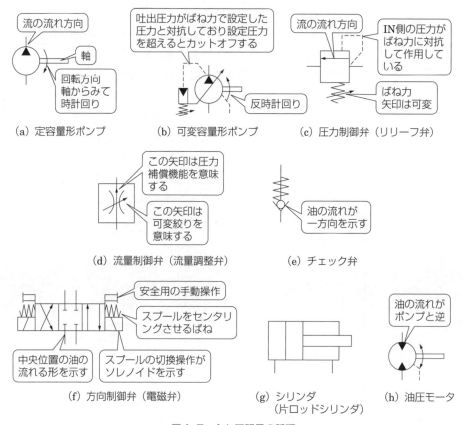

図1-7　主な図記号の種類

1-3 ■ 図記号とは？

　大きな円はエネルギーの変換器となる油圧ポンプと油圧モータを示し、円の中の黒三角形は油エネルギーの流れの方向を意味しています。

　制御弁は四角形を用い、それに機能を付加させています。方向制御弁は四角形を3つ並べて油路の切換状態を示しています。

　このJIS規格はCADで描くことを前提に、基本記号およびその組合せの規則を決めています。

　基本記号には、流路の種類、流路の接続、流れの方向、回転方向やその他、ばね、軸、シリンダのピストン、ピストンロッド、チェック弁弁座、切換え弁の四角い外枠等の機械要素ならびにソレノイドやレバー、油圧パイロット操作、空気圧パイロット操作等の制御要素があります。

　また、一般規則では次のルールが定められています。

a. 図記号はその機器の非通電状態（または休止状態）を表す。
b. 機器に附属するすべての接続口（たとえば、P、T、A、B、パイロットポート、ドレンポート等）を表す。
c. 図記号を左右反転または90度回転させても意味は変わらない。
d. 2つ以上の主要な機能をもち、それらが相互に接続している場合は、その機器の図記号全体を実線で囲む。
e. 2つ以上の機器が一体のアセンブリとして組み立てられている場合は、一点鎖線で囲む。

1-4　作動油

▶ 1-4-1　作動油の4つの役割

　油圧装置は液体を媒体として動力を伝達していますが、この液体のことを一般に「**作動油**」と呼んでいます。作動油には潤滑性、難燃性、生分解性、コスト等の要求により多くの種類がありますが、代表的な作動油の特性を**表1-3**に示します。

　この作動油の主要な役割は次の4つで、作動油の特性が油圧装置に大きく影響します（**図1-8**）。

① 　油圧機器のしゅう動部分からの漏れ防止

　一般に油圧機器内部のしゅう動部分にはシールは使いません。方向切換弁ではボディと油路を切り換える役割のスプールとのすき間は数十μmあり、高圧側の油路から低圧側の油路には作動油の漏れが生じますが、この漏れ量を抑えているのは作動油の粘性によっています。

② 　油圧機器のしゅう動部分における潤滑

　同様に、しゅう動する各部品は油膜で潤滑し、摩擦・摩耗を防ぐ構造であり、作動油の潤滑性に大きく影響を受けます。

③ 　油動力の伝達

　動力伝達を司る作動油は制御弁の内部や管路の中を流れやすいことが重要です。流れの抵抗が大きいと動力損失も大きくなります。

　また、作動油は非圧縮性が望ましいとされています。これはアクチュエータの応答を早めるためです。

④ 　油圧機器の冷却

　しゅう動部分の摩擦や粘性抵抗、圧力油の漏れに起因する発熱は油圧機器の熱膨張を起こし、焼付き・カジリの原因となりやすくなります。これを防ぐためには適温を維持する必要があり、作動油を循環させながら冷却する方法が効果的です。

1-4 ■ 作 動 油

表1-3 主な作動油の特性

作動油種類	石油系作動油		脂肪酸エステル	水・グリコール	りん酸エステル	W/Oエマルション	O/Wエマルション
	R&O 耐摩耗	高粘度指数					
相対販売量（石油系を1として）	1		0.02	0.02	< 0.01	< 0.01	< 0.01
密度	0.8〜0.9		0.9前後	1.0〜1.1	1.1〜1.3	0.9前後	1.0付近
40℃動粘度（代表的なもの）	VG15〜VG150		VG46〜VG68	VG32〜VG46	VG46	V68〜150	0.6付近（ほぼ水）
粘度指数	70〜110	130〜	（高い）150〜200	（高い）150〜200	（低い）-50〜+50	（高い）130〜170	高い
水分含有量	含有なし		含有なし	40%前後	含有なし	30〜50%	90〜99%
蒸気圧	小		小	大	小	大	大
防錆防食性	優		良	良	良	良	可
耐火性	劣る（易燃焼）		難燃（自己消火）	難燃	難燃（自己消火）	難燃	不燃
シール・パッキン材質	NBR、HNBR、FKM、ACM、VMQ		HNBR、FKM	NBR、HNBR、EPDM	FKM、VMQ	NBR、HNBR	NBR、U
塗料耐性	良好		塗料メーカと協議必要	不適	不適	不適	不適
ベーンポンプ寿命（石油系を100として）	100		40〜100	60	100	40	20
転がり軸受潤滑性	優		良	劣る	優	可	劣る
一般潤滑性	優		優	可	優	良	劣る
使用上限温度目安	〜80℃		〜80℃	〜60℃	100℃	〜50℃	〜50℃
毒性	なし（生分解性低い）		なし	なし	なし（燃焼時発生ガスに注意）	なし	なし
特徴	標準的		生分解性良	難燃性良、軸受潤滑劣る	潤滑性良、高価	乳化形作動油	安価、潤滑性劣る

1章 油圧の基礎

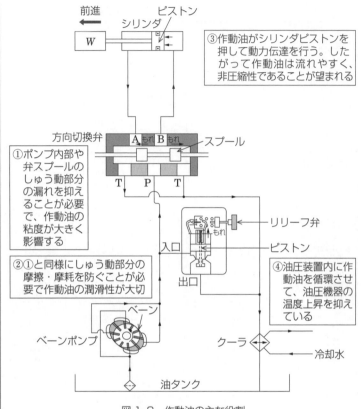

図1-8 作動油の主な役割

▶ 1-4-2 粘性

　油圧装置は適正な粘度の作動油を使うことが重要です。油圧機器のしゅう動部をシールするには粘性が必要ですが、粘度が高すぎると粘性抵抗が大きくなり、次のような不具合が生じます。

・流れ抵抗の増大
・摩擦損失による消費電力の増大
・摩擦による油温の上昇
・油圧回路の圧力損失増大
・スラッジが発生しやすくなり、アクチュエータの応答性低下
・油タンク内の気泡除去の困難化

❷ 粘性
　内部摩擦によって生じる流れにおける流体の抵抗。

❷ 粘度
　作動流体の変形または流れ抵抗の測定単位。

1-4 作 動 油

❶ **粘度表示**
絶対粘度と動粘度の2つがあります。工業的には動粘度を使用しています。

❶ **動粘度**
作動油が毛管内を自重落下する経過時間で粘性を比較するもの（JIS K 2283）。

❶ **油温**
水-グリコールの場合には、水の蒸発を抑えるために50℃以下としています。

- 水-グリコール作動油
- 難燃性
- 水分が40%程度含まれる

逆に、粘度が低すぎると次のような不具合が生じます。
・油圧機器内部の漏れ量が増大
・しゅう動部分の油膜切れによる、カジリや焼付きの発生
・ポンプ容積効率の低下による、アクチュエータの速度低下
・油圧機器の内部漏れ量増大による油温上昇

このことから、油圧装置の作動油の粘度管理が大切になります。

作動油の粘度は温度によって変化しますが、油圧機器を適正な粘度範囲に管理するために図1-9の動粘度-温度チャートを利用します。

このチャートは作動油の動粘度と温度の関係を直線で表示できるように、縦軸を対数目盛の動粘度、横軸を対数目盛の温度としています。作動油の推奨粘度範囲は一般に13〜54 mm²/sで、ISO VG 46の作動油の場合には油温で約75〜35℃に該当し、この温度範囲に管理する必要があります。ただし、石油系作動油では、作動油の寿命を延ばすため一般に60℃以下としています。

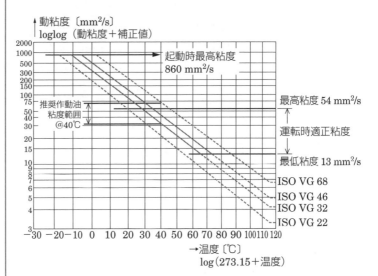

図1-9 作動油の動粘度-温度チャート

▶ 1-4-3 圧縮性

油圧装置は一般に作動油の圧縮性は問題にならず、非圧縮性と見なされます。

しかし、高圧や温度変化の大きい環境で精密な制御を行う場合には、作動油の圧力や温度による体積変化を無視することはできません。

表1-4に各種作動油の圧縮率と体積弾性係数を、**表1-5**に石油系作動油の温度条件および圧力条件による体積変化を示します。この表から、石油系作動油では21MPaへ昇圧すると、元の油容積の約1.2%が収縮し、100℃の上昇で体積は約7%増加することがわかります。

また、石油系作動油は油自身の性質から大気圧において、体積

❶ 油の収縮

p.17の式（1・1）より作動油の圧縮量 ΔV は

$$\Delta V = \frac{\Delta P}{K} \times V$$

と表せます。

したがって、圧力差21MPaの時の作動油の圧縮量は

$$\Delta V = \frac{21}{1.7 \times 10^3} \times V = 0.012V$$

より元の体積の約1.2%となります。

❶ 圧縮率と体積弾性係数

式（1・1）によります。

表1-4 各種作動油の圧縮率と体積弾性係数

種 類	圧縮率 β〔1/MPa〕	体積弾性係数 K〔MPa〕
石油系作動油	6×10^{-4} $5.2 \sim 7.2 \times 10^{-4}$	1.7×10^3 $1.4 \sim 1.9 \times 10^3$
航空機用作動油（MIL H 5606E）	5×10^{-4}	2.0×10^3
各種燃料油	5×10^{-4}	2.0×10^3
水・グリコール W/O形エマルション りん酸エステル	2.9×10^{-4} 4.4×10^{-4} 3.3×10^{-4}	3.5×10^3 2.3×10^3 3.0×10^3

表1-5 石油系作動油の温度条件および圧力条件による体積変化

温度 〔℃〕	圧力〔MPa〕									
	7	14	21	28	35	42	49	56	63	70
60	1.023	1.014	1.009	1.004	0.999	0.993	0.990	0.987	0.984	0.982
40	1.012	1.006	1.000	0.995	0.990	0.986	0.982	0.978	0.975	0.972
20	0.997	0.992	0.986	0.981	0.977	0.973	0.970	0.967	0.964	0.962
0	0.983	0.978	0.973	0.968	0.964	0.960	0.957	0.954	0.952	0.950
−20	0.966	0.962	0.959	0.956	0.954	0.952	0.949	0.946	0.944	0.941
−40	0.951	0.948	0.945	0.943	0.940	0.938	0.936	0.934	0.932	0.930

1-4 作 動 油

❗ **油中の溶解空気**
大気圧以下になると、溶解空気は気泡となって現れます。

比で8〜10%の空気を溶解しています。油中に溶解した空気は、実用上圧縮性には何ら影響がありませんが、小さな気泡となって油中に混入した場合には、作動油の見かけ上の圧縮性は大きく変動します。

図1-10はこれをグラフに表したもので、よく使われます。

❗ **エアレーション**
ポンプが気泡を吸い込み、騒音や圧力振動が大きくなる不具合現象をいいます。

空気が混入すると、ポンプがエアレーションを起こし破損の原因となりやすく、また油圧システムの応答が遅くなり、騒音の原因ともなります。

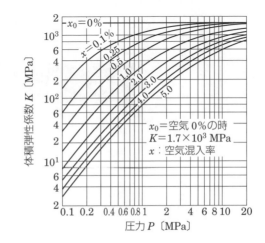

図1-10 空気が混入した石油系作動油の体積弾性係数

したがって、油圧装置は油タンクへの戻り油が空気を巻き込まないようにするとともに、ポンプがタンク内の気泡を吸い込まないように仕切り板を設ける等、対策することが大切です。

なお、作動油の体積弾性係数は次のように定義されています。

$$体積弾性係数\ K = \frac{V \cdot \Delta P}{\Delta V} = \frac{1}{\beta} \quad \cdots (1 \cdot 1)$$

ここで、V ：作動油の体積〔L〕
　　　　ΔV：体積変化分〔L〕
　　　　ΔP：圧力変動分〔MPa〕
　　　　β ：圧縮率〔1/MPa〕

1-5　流体の流れ

▶ 1-5-1　SI単位

❶ SI単位
1973年にJIS Z 8203（国際単位系及びその使い方）が制定されています。

現在は国際単位系（SI）が広く使われています。

このSI単位は「基本単位」と「組立単位」から構成されています。基本単位は7つあり、これを**表1-6**に示します。組立単位は、基本単位を組み合わせて代数的に表します。その記号は数学における乗除法の記号を用いて組み立てます。たとえば、速度のSI単位はメートル毎秒（m/s）のようになります。

表1-6　SI基本単位

基本値	SI基本単位	
	名　称	記　号
長さ	メートル	m
質量	キログラム	kg
時間	秒	s
電流	アンペア	A
熱力学温度	ケルビン	K
物質量	モル	mol
光度	カンデラ	cd

また、組立単位には、固有の名称および記号をもつものがあり、このうち油圧でよく使われるものを**表1-7**に示します。

圧力は$1\,m^2$当たりの$1\,N$の大きさを$1\,Pa$と定義しており、圧力のSI単位は$1\,Pa = 1\,N/m^2$と表せます。

ただし、油圧の場合には、通常使う圧力の大きさはPa単位の千倍、百万倍であり、わかりやすくするために、kPa（キロパスカル）やMPa（メガパスカル）の単位を使います。

このk（キロ）やM（メガ）はSI接頭語と呼ばれるものです。このSI接頭語はSI単位を整数乗倍するもので、油圧でよく使われるものを**表1-8**に示します。

SI単位以外の単位ですが、その実用上の重要さから継続して

1-5 流体の流れ

表 1-7　SI 組立単位

組立量	SI 組立単位		
	名　称	記　号	SI 基本単位および SI 組立単位による表し方
平面角	ラジアン	rad	$1\,\mathrm{rad} = 1\,\mathrm{m/m} = 1$
力	ニュートン	N	$1\,\mathrm{N} = 1\,\mathrm{kg \cdot m/s^2}$
圧力、応力	パスカル	Pa	$1\,\mathrm{Pa} = 1\,\mathrm{N/m^2}$
エネルギー、仕事、熱量	ジュール	J	$1\,\mathrm{J} = 1\,\mathrm{N \cdot m}$
パワー、放射束	ワット	W	$1\,\mathrm{W} = 1\,\mathrm{J/s}$
電荷、電気量	クーロン	C	$1\,\mathrm{C} = 1\,\mathrm{A \cdot s}$
電位、電位差、電圧、起動力	ボルト	V	$1\,\mathrm{V} = 1\,\mathrm{W/A}$
電気抵抗	オーム	Ω	$1\,\Omega = 1\,\mathrm{V/A}$
セルシウス温度	セルシウス度	℃	$1\,\mathrm{℃} = 1\,\mathrm{K}$

表 1-8　SI 接頭語

乗　数	SI 接頭語	
	名　称	記　号
10^9	ギガ	G
10^6	メガ	M
10^3	キロ	k
10^2	ヘクト	h
10	デカ	da
10^{-1}	デシ	d
10^{-2}	センチ	c
10^{-3}	ミリ	m
10^{-6}	マイクロ	μ
10^{-9}	ナノ	n

表記例）　$1.2 \times 10^4\,\mathrm{N}$ は $12\,\mathrm{kN}$
　　　　　$0.00394\,\mathrm{m}$ は $3.94\,\mathrm{mm}$
　　　　　$1401\,\mathrm{Pa}$ は $1.401\,\mathrm{kPa}$
　　　　　$3.1 \times 10^{-8}\,\mathrm{s}$ は $31\,\mathrm{ns}$

1章 油圧の基礎

使用できるものとして、体積のL（リットル）、質量のt（トン）、時間のmin（分）等があります。

▶ 1-5-2 圧力

> **❶ 絶対圧力**
> 絶対真空を基準として表した圧力です。

圧力の大きさを表す基準は「**ゲージ圧力**」と「**絶対圧力**」の2通りがあります。油圧では大気圧力をゼロとした「ゲージ圧力」を使用します。

油圧装置を駆動しているときの圧力は過渡的に大きく変動する場合があります。この圧力変動の例を**図1-11**に示します。

この油圧システムの過渡的な圧力は、JIS B 0142「油圧・空気圧システム及び機器-用語」でそれぞれ次のように規定しています。

圧力が短時間に上昇および下降するのを「**圧力パルス**」、流れの過渡的な変動によって生じる圧力変動を「**圧力サージ**」、定常状態の圧力を超え、最高圧力も超える圧力パルスを「**圧力ピーク**」としています。

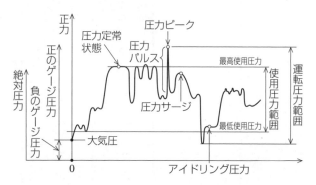

図1-11　油圧システムの過渡的な圧力変動

▶ 1-5-3 流量と流速

ある場所の流体の流れの状態が時間によって変化しない流れを**定常流**といい、この時の流量と流速の関係を**図1-12**に示します。

1-5 流体の流れ

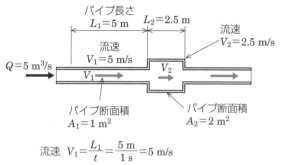

流速 $V_1 = \dfrac{L_1}{t} = \dfrac{5 \text{ m}}{1 \text{ s}} = 5 \text{ m/s}$

流速 $V_2 = \dfrac{L_2}{t} = \dfrac{2.5 \text{ m}}{1 \text{ s}} = 2.5 \text{ m/s}$

流量 $Q = A_1 \cdot V_1 = A_2 \cdot V_2 = $ 一定（連続の式） …（1・2）

図 1-12 定常流における流量と流速の関係

　油圧では流量は流路の断面を単位時間に通過する作動流体の体積としています。

　また、式（1・2）は配管途中の各断面において、流量は断面積と流速を掛け合わせたものに等しく、どの断面でも一定になることを示しており、これを「**連続の式**」と呼んでいます。

▶ 1-5-4　動力（パワー）

　動力はエネルギーの流れや単位時間当たりのエネルギーのことです。電源から電気モータを回し、油圧装置を駆動する時の動力の伝わり方を**図 1-13** に示します。

図 1-13　動力の伝わり方

　動力は、エネルギーの流れを意味しているので、制御システムのエネルギー効率を比較する場合に重要な基準量となります。

　電気系（電源等）、機械の直線運動系および回転運動系、流体系の動力の表し方を**表 1-9** に示します。

表 1-9 動力の表し方

基本変数	電気系	直線運動系	回転運動系	流体系
示強性	電圧 V 〔V〕= 〔(N・m)/C〕	力 F 〔N〕	トルク T 〔N・m〕	圧力 P 〔Pa〕= 〔N/m²〕
示量性	電流 I 〔A〕= 〔C/s〕	速度 V 〔m/s〕	角速度 ω 〔rad/s〕	流量 Q 〔m³/s〕
動力	$V \cdot I$ 〔W〕	$F \cdot V$ 〔W〕	$T \cdot \omega$ 〔W〕	$P \cdot Q$ 〔W〕

注）2つの変数をかけると動力〔W〕になる

$$\text{油動力 } W = P \cdot Q \, [\text{N/m}^2 \cdot \text{m}^3/\text{s}] = P \cdot Q \, [(\text{N} \cdot \text{m})/\text{s}]$$
$$= P \cdot Q \, [\text{J/s}] = P \cdot Q \, [\text{W}]$$

油圧の場合、実用的に圧力の単位は MPa、流量の単位は L/min を使用しているので、次のように表します。

$$\text{油動力 } W = P \cdot Q \, [\text{MPa} \cdot \text{L/min}] \times 10^6 \times 10^{-3}/60 \, [\text{W}]$$
$$= P \cdot Q \times 10^3/60 \, [\text{W}] = P \cdot Q/60 \, [\text{kW}] \quad \cdots (1 \cdot 3)$$

▶ 1-5-5　ベルヌーイの定理

> **❶ ベルヌーイの定理**
> 1738年に Daniel Bernoulli（1700～1782年）が発表しています。

　流体の流れの法則で重要なものにベルヌーイの定理があります。これは粘性がなく、流れの乱れがない定常流という条件での定理であり、実際の流れでは存在しませんが、実用的には十分活用できるもので、広く用いられています。

　ベルヌーイの定理を**図1-14**に示します。流体は圧力エネルギー、運動エネルギー、位置エネルギーの3つの異なるエネルギーをもっていますが、流体の流れの状態が変わっても、エネルギーの総和は変化しないというもので、「**エネルギー保存の法則**」としてよく知られています。

　たとえば、水面 50 m の高さにおけるダムの放水速度を求めるのに、ベルヌーイの定理を応用します。ダムの水面下の水と放水口の水が流線でつながっていると考えます。ダム湖表面の水の速度 V_1 は 0 であり、水面下の圧力 P_1 と放水口の圧力 P_2 は、共に大気圧でありほぼ等しいといえます。

　これをベルヌーイの定理に当てはめたのが**図1-15**です。

　次は、シリンダピストンによって 7 MPa の圧力に加圧された

1-5 ■ 流体の流れ

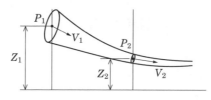

$$P_1 + \frac{1}{2}\rho \cdot V_1^2 + \rho \cdot g \cdot Z_1 = P_2 + \frac{1}{2}\rho \cdot V_2^2 + \rho \cdot g \cdot Z_2 \quad \cdots(1\cdot 4)$$

ここに　P：圧力〔Pa〕　　　　ρ：密度〔kg/m³〕
　　　　g：重力加速度〔m/s²〕　Z：高さ〔m〕

図1-14　ベルヌーイの定理

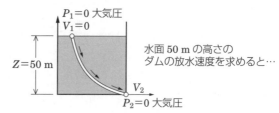

式（1・4）より $\rho \cdot g \cdot Z_1 = \frac{1}{2}\rho \cdot V_2^2 + \rho \cdot g \cdot Z_2$ が得られ

$$\frac{1}{2}\rho \cdot V_2^2 = \rho \cdot g\,(Z_1 - Z_2)$$

∴　放水速度　$V_2 = \sqrt{2 \cdot g\,(Z_1 - Z_2)} = \sqrt{2 \times 9.8 \times 50} \fallingdotseq 31.3$ m/s

図1-15　液面の高さにおける流速の変化

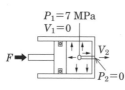

> 7 MPaに加圧した水を
> 放水した時の水の流速を求めると…
> ベルヌーイの定理より $Z_1 = Z_2$ とし
> $P_1 = \frac{1}{2}\rho \cdot V_2^2$ が得られる

∴　放水速度　$V_2 = \sqrt{\dfrac{2 \cdot P_1}{\rho}} = \sqrt{\dfrac{2 \times 7 \times 10^6}{1000}} \fallingdotseq 118$ m/s

図1-16　圧力の変化における流速の変化

　水の放出速度を求める例です。この場合、加圧された水の流速 V_1 は0であり、Z_1 と Z_2 の液面高さは等しいとみなします。これをベルヌーイの定理に当てはめると、**図1-16** のように容易に放水速度が求まります。

1-5-6 層流と乱流

流体の流れには層流と乱流の2種類が存在します。

層流（**図1-17**）は規則正しい整然とした流れで、粘度が高く、流速が比較的小さく、狭い隙間や細管を通過するときに起こります。層流の場合には粘性抵抗が圧力損失の原因になります。

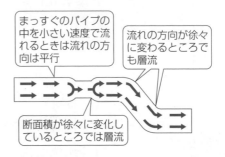

図1-17　層　流

乱流（**図1-18**）は急拡大管、急縮小管、曲り管等に見られる不規則で混乱した流れで、粘度が低く、流速が大きく、太い管を流れるときに起こります。

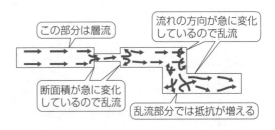

図1-18　乱　流

乱流になると、粘性抵抗だけでなく、管内壁の粗さに関係した抵抗損失も加わり、急激に圧力損失が大きくなります。

この層流と乱流を明らかにしたのは英国のレイノルズで、どのような条件下であってもレイノルズ数が同一であれば同じ流動状態になることを発見しました（**図1-19**）。

レイノルズ数 Re は、流体の粘性力に対する慣性力を表してお

❶レイノルズ
　Osborne Reynolds
　（1842〜1912年）

1-5 ■ 流体の流れ

❶ 配管サイズの表示
　1^B は 1 インチのことで、配管のサイズを表しています。
　長さの単位で、1 インチ = 25.4 mm ですが、配管においては 1 インチを 25A（A スケール呼び）と読んだり、1^B（B スケール呼び）と読んだりと、2 通りがあります。
　どちらで表すかの規制はありません。

　$3/8^B = 10A$
　　$3/8$ インチ
　$1/2^B = 15A$
　　$1/2$ インチ
　$2^B = 50A$
　　2 インチ
　$3^B = 80A$
　　3 インチ

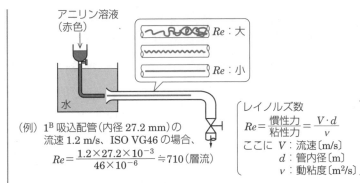

（例）1^B 吸込配管（内径 27.2 mm）の流速 1.2 m/s、ISO VG46 の場合、
$$Re = \frac{1.2 \times 27.2 \times 10^{-3}}{46 \times 10^{-6}} \fallingdotseq 710（層流）$$

レイノルズ数
$$Re = \frac{慣性力}{粘性力} = \frac{V \cdot d}{\nu}$$
ここに　V : 流速〔m/s〕
　　　　d : 管内径〔m〕
　　　　ν : 動粘度〔m²/s〕

図 1-19　レイノルズの実験

り、レイノルズ数が大きいことは動きを抑える粘性力が弱く、慣性力が強いことを意味しており、流れは乱れやすくなります。
　管内の流れが層流であるか乱流であるかを知るには、レイノルズ数を用います。レイノルズ数が約 2300 以下では、流れは層流になり、これを超えると層流から乱流に遷移します。

▶ 1-5-7　管路の圧力損失

　管路に流体を流すと上流と下流とで圧力差が生じます。これは管内の摩擦により発生しますが、この様子を**図 1-20** に示します。
　この圧力差を一般に管路の圧力損失と呼んでいます。圧力損失

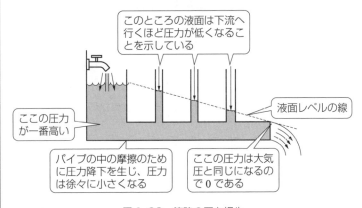

図 1-20　管路の圧力損失

の大きさは、層流と乱流では異なります。
① 配管内の圧力損失

$$管内断面積：A = \frac{\pi}{4} \times D^2 \,[\mathrm{m}^2]$$

$$管内流速：V = \frac{Q \times 10^{-3}}{60A} \,[\mathrm{m/s}]$$

$$レイノルズ数：Re = \frac{VD}{\nu} \quad \cdots(1 \cdot 5)$$

$Re \leq 2300$（層流）の場合は

$$管摩擦係数：\lambda = \frac{64}{Re}$$

$3000 \leq Re \leq 10^5$（乱流）の場合は、ブラジウスの式

$$\lambda = 0.3164 \times Re^{-\frac{1}{4}}$$

を適用しています。

$$配管の圧力損失：\Delta P_1 = \frac{\lambda L \rho V^2}{2D} \times 10^{-6} \,[\mathrm{MPa}] \quad \cdots(1 \cdot 6)$$

$$口金および分岐管の圧力損失：\Delta P_2 = \frac{\zeta \rho V^2}{2} \times 10^{-6} \,[\mathrm{MPa}]$$
$$\cdots(1 \cdot 7)$$

ここで、Q：通過流量〔L/min〕
D：管内径〔m〕
L：管の長さ〔m〕
ν：作動油の動粘度〔m²/s〕
ρ：作動油の密度〔kg/m³〕
ζ：口金および分岐管の損失係数

まっすぐな管路の圧力損失式（1・6）は、流速の2乗と管摩擦係数に比例します。管摩擦係数は、層流の時と乱流の時で異なります。

油圧管路はまっすぐな管路のほかに、各種の継手を用いて流路の断面積を変化させたり流れの方向を変えたりします。この継手部分では粘性摩擦による圧力損失以外に、流れの形状変化に伴って起こる衝突や、激しい渦のためにエネルギーを費やし圧力損失

❶ 継手の圧力損失
配管継手のエルボ、ティーの損失係数は一般に次の値を用います。
エルボの損失係数
$\zeta = 1.2$
ティーの損失係数
$\zeta = 1.5$

90°エルボ

ティー

1-5 流体の流れ

(式 (1·7)) を起こします。

図 1-21 に口金および分岐管の損失係数を示します。口金では管入口の曲げ (R) がないと縮流が起こり、損失係数も大きく差が生じます。

また、分岐管では、同じ流速でも管路の曲がり角度によって渦の発生の仕方が異なり、損失係数も大きく異なります。

したがって、ポンプのサクション配管部分においては配管サイズとともに配管経路についても十分注意が必要です。

❶ 縮流
　開口部の面積よりも流れの断面積が狭くなる現象をいいます。

❶ サクション配管
　油圧ポンプの吸込み配管を指します。

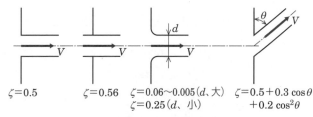

(a) 口金の損失係数

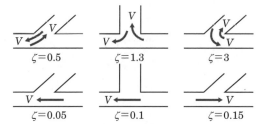

(b) 分岐管の損失係数

図 1-21　口金および分岐管の損失係数

油圧編 2章 油圧機器の構造と機能

2-1 油圧ポンプ

▶ 2-1-1 油圧ポンプの分類と特性

　油圧ポンプを分類すると、回転式と往復式になります（**図2-1**）。現在はギヤポンプ、ベーンポンプ、アキシアルピストンポンプが多く使われており、特徴は次の通りです。

　ギヤポンプは、部品点数が少なく構造が簡単で廉価であることと、吸込み特性のよいことが特徴で、産業車両、農業機械、金属加工機械等でよく使われています。

　ベーンポンプは、脈動が小さく、運転音が静かで長寿命なのが特徴で、自動車のパワーステアリング装置、一般産業機械等に、可変容量形のベーンポンプは工作機械等によく使われています。

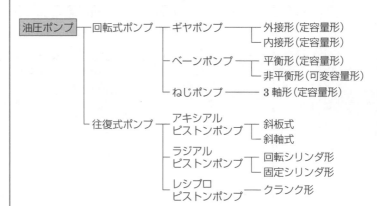

図2-1　油圧ポンプの分類

2-1 ■油圧ポンプ

アキシアルピストンポンプは、高圧での内部漏れが極めて小さく、高効率なのが特徴で、建設機械向けを中心に、船舶、製鉄機械、樹脂加工機械等に多く使われています。

また、この3種類の油圧ポンプの性能を比較したものが**表2-1**です。なお、この性能は一般に石油系作動油を用いた場合のものを表示していますが、難燃性作動油等を使う場合はメーカに確認する必要があります。

表2-1 油圧ポンプの性能比較(各メーカのカタログ性能より)

	形式	押しのけ容積 [cm^3/rev]	最高圧力 [MPa]	最高回転速度 [min^{-1}]	全効率 [%]	運転音脈動	耐久性耐コンタミ	吸込性
ギヤポンプ	外接形	4.5〜125	17.5〜28	1800〜3000	75〜85	×	◎	◎
	内接形	3.6〜500	0.5〜30	1200〜3000	65〜90	○	◎	◎
ベーンポンプ	平衡形	7.5〜372	3.5〜21	1200〜2500	70〜85	◎	○	○
	非平衡形	8〜25	7〜14	1200〜1800	60〜70	○	○	○
アキシアルピストンポンプ	斜板式	8〜500	14〜40	1200〜3600	85〜92	×	△	△
	斜軸式	4〜507	35〜45	1440〜4500	88〜95	×	△	△

▶ 2-1-2 可変容量形ポンプ

現在最も多く使われている可変容量形の斜板式ピストンポンプの構造（図2-2）と圧力・効率、吐出し量、軸入力特性（図2-3）を参考に示します。

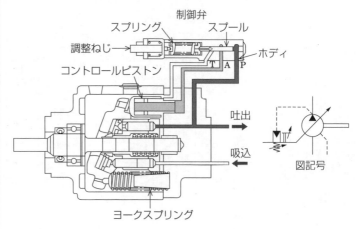

図2-2 可変ポンプ構造例

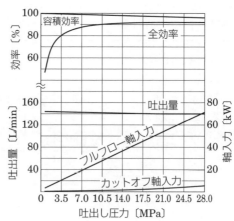

【押しのけ容積 80 cm^3/rev、回転速度 1800 min^{-1}】

図2-3 可変ポンプの特性例

2-1 ■油圧ポンプ

ポンプ吐出量を可変にする制御方式を分類すると、圧力制御、流量制御、動力制御の3つになります。その代表的な制御方式を**表2-2**に示します。

表2-2 可変ポンプの代表的な制御方式

制御方式 対照	制御方式 名称	制御方式	制御線図	機能説明
圧力	圧力補償形（プレッシャコンペンセータ形）	内部パイロット圧力	吐出量／圧力	吐出圧力があらかじめセットされたフルカットオフ圧力に近づくと吐出量は自動的に減少し、セット圧力が保持される
流量	ハンドルレギュレータ	手動ハンドル	吐出量／ハンドル回転角	手動ハンドルによりポンプ吐出量を自由に変える
（圧力・流量）動力	トルク一定制御	内部パイロット圧力	吐出量／圧力	自己ポンプ吐出圧力の上昇に従って、ポンプの傾転角を自動的に減少させ、トルクを一定に制御する
（圧力・流量）動力	動力一定制御	内部パイロット圧力	吐出量／圧力	設定された P-Q 線図に従って、自動的にポンプ吐出量を制御する
（圧力・流量）動力	ロードセンシング制御	電磁比例弁	吐出量／圧力（小←入力電流→大）	アクチュエータが必要とする圧力、流量のみを供給する省エネルギー制御

2-2 油圧制御弁

▶ 2-2-1 圧力制御弁

圧力制御弁の分類を図2-4に示します。

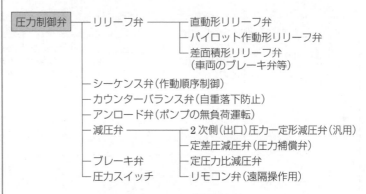

図2-4 圧力制御弁の分類

● リリーフ弁

油圧の圧力制御の基本となるバルブがリリーフ弁です。

直動形リリーフ弁（図2-5）の応答は早いですが、圧力オーバライド特性は劣ります。

❶ 圧力オーバライド特性
圧力制御弁で、ある最小流量から最大流量までの間に圧力が増大する性質です。

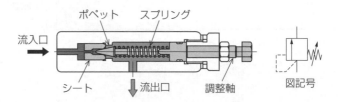

図2-5 直動形リリーフ弁

パイロット作動形リリーフ弁（図2-6）は、大流量まで圧力オーバライド特性はよいですが、応答は少し遅くなります（図2-7）。

パイロット作動形には応答を速くするために、メインスプールのばねを強くしたハイベント圧力形と、最低圧を下げるためにば

2-2 油圧制御弁

● チョーク
長さが断面寸法に比べて比較的長い絞りのことです。

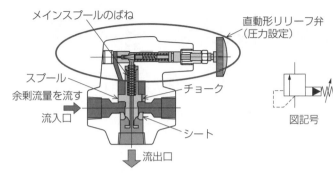

図2-6 パイロット作動形リリーフ弁

● クラッキング圧力
弁が開き始める圧力で、ある一定の流量が認められる等の条件を満たす圧力です。

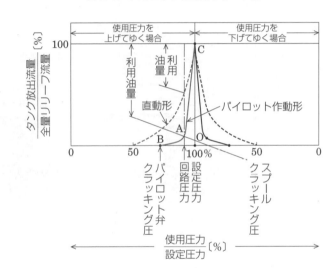

図2-7 圧力オーバライド特性

ねを弱くしたローベント圧力形があります。リリーフ弁はこれらを使い分けるのが大切です（**図2-8**）。

● 減圧弁

減圧弁は複数のアクチュエータの圧力制御を同時に行うバルブです。リリーフ弁と対比させて、内部構造と図記号（**図2-9**）を示しています。

リリーフ弁は2次側をタンクに接続し、1次側の圧力を制御するのに対して、減圧弁は2次側をアクチュエータに接続し、こ

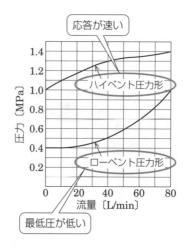

図2-8 リリーフ弁の最低制御圧力特性

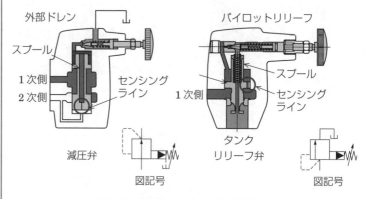

図2-9 減圧弁とリリーフ弁の構造比較

の2次側の圧力を制御するバルブです。

　減圧弁の特性を**図2-10**に示します。減圧弁もリリーフ弁と同じように、メインスプールに対抗したばねを強くし最大流量を大きくしたもの（Fタイプ）と、ばねを弱くして最低制御圧力を下げたもの（Bタイプ）があります。

　減圧弁はリリーフ弁と異なり、流量を増やしていくと制御圧力が少し低下しますが、これを圧力アンダライド特性と呼んでいます。また、減圧弁は2次側から1次側へは油を流せないので、

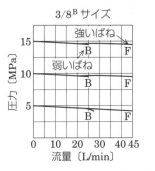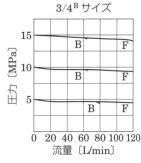

図2-10 減圧弁の流量-圧力特性

逆流させる場合はチェック弁を内蔵したものを使用します。

● 直動形圧力制御弁

図2-11に示した直動形圧力制御弁の構造例で、内部パイロット、内部ドレンの構造でリリーフ弁機能を示しています。このバルブは上カバーと下カバーの取付方向を変えることによって、図2-12の図記号が示す4種類の圧力制御弁が得られます。また、チェック弁を内蔵したボディと交換することによって、図示の8種類の制御弁が得られます。

❹ スプールとピストン
スプールは軸方向に移動して流路の開閉を行う構成部品です。
ピストンは流体の圧力によって動作し、機械的な力を伝達する構成部品です。

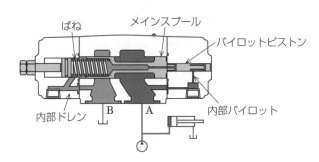

図2-11 直動形圧力制御弁の構造例

このバルブはスプールがオーバラップしているので、リリーフ弁としては使用しませんが、ばねの力が強いために応答が早く、カウンタバランス弁として優れています。

流量-圧力特性を**図2-13**に示します。

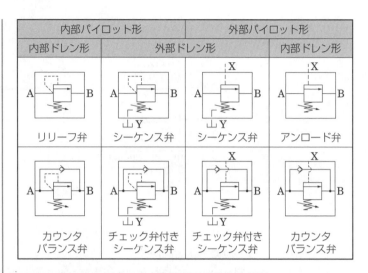

図2-12 直動形圧力制御弁の種類

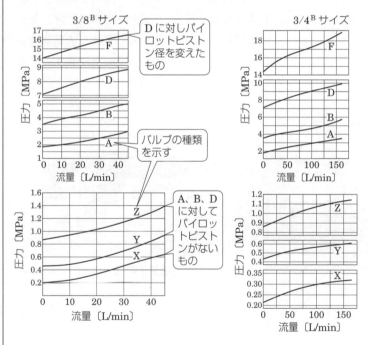

図2-13 直動形圧力制御弁の流量-圧力特性

2-2 油圧制御弁

● 圧力スイッチ

圧力スイッチには機械式と電子式の2種類があります。機械式のピストンタイプは、信頼性が高く、長寿命でよく使われています。電子式は小形で、応答性および精度がよいですが電源を必要とします。外観の例を図2-14に示します。

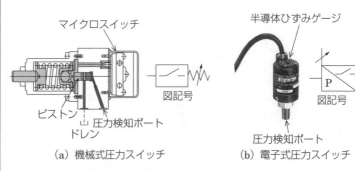

（a）機械式圧力スイッチ　　（b）電子式圧力スイッチ

図2-14　圧力スイッチとその図記号

▶ 2-2-2　流量制御弁

流量制御弁はアクチュエータの速度をコントロールするバルブで、一般に図2-15のように分類され、プレフィル弁まで含まれます。

図2-16に流量制御に関わる図記号、図2-17に絞り弁の流量特性、図2-18に圧力補償機能が付く流量調整弁の流量特性を示します。

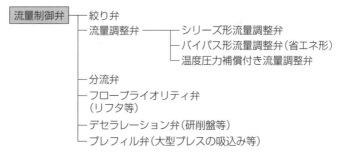

図2-15　流量制御弁の分類

図2-16 流量制御に関わる図記号

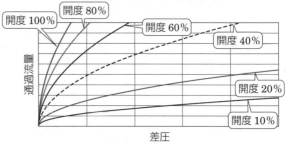

図2-17 絞り弁の流量特性

図2-18 流量調整弁の流量特性

● **プレフィル弁**

　プレフィル弁（構造：**図2-19**、図記号および使用例：**図2-20**）はシリンダと油タンクの間に取り付けて、小容量ポンプでプレス等の高速化を可能にするバルブです。

　高速下降行程では、タンクからシリンダへ多量の油を吸い込み、加圧行程ではシリンダからタンクへの逆流を阻止します。上昇行程ではパイロット圧力を印加し、強制的にバルブを開け、タンクへ油を排出する働きをします。

2-2 ■油圧制御弁

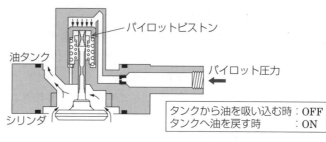

図2-19　プレフィル弁の構造

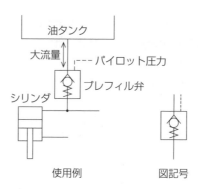

図2-20　プレフィル弁の使用例と図記号

▶ 2-2-3　方向制御弁

方向制御弁の分類を**図2-21**に示します。

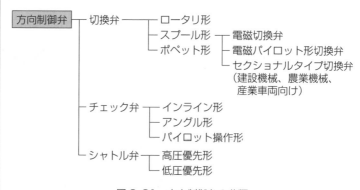

図2-21　方向制御弁の分類

● 電磁弁

　スプール形の電磁弁は油圧機器の中で最も数多く使われているバルブです。電磁弁の構造と図記号を図2-22に、スプールの種類を図2-23に、最大流量を図2-24に示します。

　スプールの形状には非常に多くの種類があります。これは、基本的には中央位置での形状が異なるもので、種々の油圧回路の要求に対応できるようにするためです。

　また、電磁弁のスプールは油路を閉じる方向に流体力を受けるために、スプールの種類、回路圧力、回路条件によって流せる最大流量が違ってきます。メーカの最大流量特性に注意する必要があります。

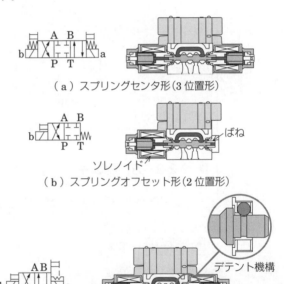

（a）スプリングセンタ形（3位置形）

（b）スプリングオフセット形（2位置形）

（c）ノースプリングデテント形（2位置形）

図2-22　電磁弁の構造と図記号

▶ 2-2-4　比例電磁式制御弁

　比例電磁式制御弁は調整部に比例ソレノイドを用いたバルブで、圧力制御弁、流量制御弁、方向流量制御弁があります。

2-2 ■油圧制御弁

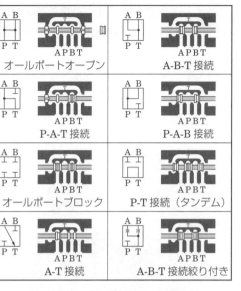

図 2-23　スプールの種類（中央位置）
（オールポートオープン、A-B-T 接続、P-A-T 接続、P-A-B 接続、オールポートブロック、P-T 接続（タンデム）、A-T 接続、A-B-T 接続絞り付き）

図 2-24　電磁弁の最大流量

中立時スプール形式	3位置スプリングセンタ形	最大流量 [L/min]												
		P→A→B→T, P→B→A→T 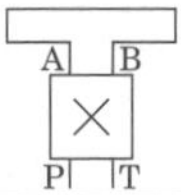					P→A（Bポートブロック） 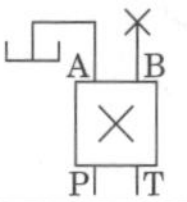					P→B（Aポートブロック） 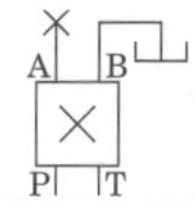				
		7MPa	14MPa	21MPa	28MPa	35MPa	7MPa	14MPa	21MPa	28MPa	35MPa	7MPa	14MPa	21MPa	28MPa	35MPa
		80	80	80	80	80	80	80	80	80	80	80	80	80	80	80
		45	45	45	30	25	70	25	20	20	18	45	45	45	45	45
	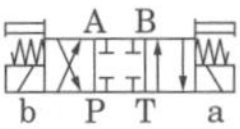	100	100	100	100	100	80	32	20	15	10	80	32	20	15	10

比例ソレノイドの構造は油浸形の直流ソレノイドに非常に似ていますが、違いは電磁力が一定になる出力スパンを長くしたところです。

電磁力とコイル電流は比例の関係にあり、スプリングのたわみとばね力も比例します。このことからソレノイド電流に比例させて、スプールの位置決めができます。これが比例電磁式制御弁の動作原理です。

図2-25に比例ソレノイドの特性と比例リリーフ弁の構造を、

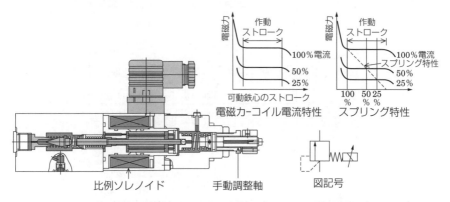

図2-25 比例ソレノイドの特性と比例リリーフ弁の構造

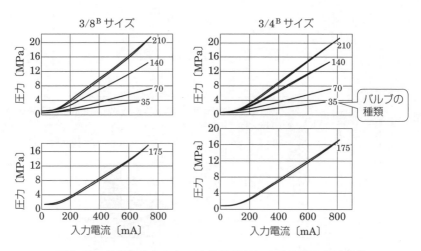

図2-26 比例電磁式パイロット作動形リリーフ弁の電流-圧力特性

図 2-26 に比例リリーフ弁の入力電流と圧力特性を、図 2-27 に比例リリーフ弁のステップ応答特性を示しています。

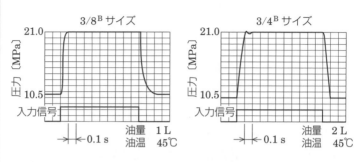

図 2-27　比例電磁式パイロット作動形リリーフ弁のステップ応答特性

▶ 2-2-5　サーボ弁

電気油圧サーボ機構は位置・速度・圧力等の制御量を電気信号に変換して、目標値との偏差をゼロにするようにフィードバック制御するものです（図 2-28）。

このフィードバック制御の中で最も重要な機器がサーボ弁です。入力信号に比例したスプールの位置決め機構は、メカフィードバック方式と電気フィードバック方式が主に用いられています。

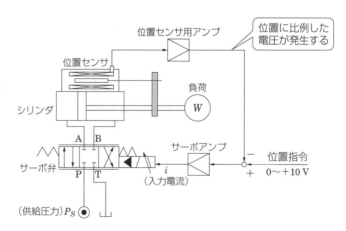

図 2-28　フィードバック制御機構

ただし、メカフィードバック方式は供給圧力の変動により、中立点のシフトが生じますが、電気フィードバック方式はこれがありません。

最近は省エネルギーを考慮し、電気フィードバック方式のサーボ弁を用いて、供給圧力を可変にするシステムがよく見られます。

サーボ弁は入力電流に開度が比例する可変絞りで、入力電流の極性と大きさを変えることによって、シリンダの動作方向と速度の大きさを任意に変えることができます。**図2-29**はサーボ弁の静特性です。

図2-29 サーボ弁の静特性

サーボ機構の高い制御精度を得るために、サーボ弁は速い応答性が求められます。この**動特性**は、一般に90°位相遅れの周波数特性を用いています。

一般の産業機械に要求されるサーボ弁の周波数応答特性の例を**図2-30**に示します。

▶ 2-2-6 カートリッジ弁

カートリッジ弁（**図2-31**）はインサート（スプール・スリーブ・ばねで構成）と種々の制御カバーの組合せで構成され、マニホールドブロックの中に組み込んで使用します。

カートリッジ弁は、ポペット弁構造のスプールをパイロット圧力によって、方向・流量・圧力制御の機能をもたせるものです。

スプールの動きはパイロット圧力、A、Bポートの各圧力、ばね力、流体力で決まり、その関係を式（2・1）に示します。

$$\underbrace{P_{AP} \cdot A_{AP} + F_S}_{\text{弁閉止力}} - \underbrace{P_A \cdot A_A + P_B \cdot A_B + F_f}_{\text{弁開放力}} \begin{array}{l} <0：弁開 \\ >0：弁閉 \end{array}$$

$$\cdots(2\cdot1)$$

面積比の異なるスプールは各種ありますが、基本的には方向・流量制御には面積比1対2を、圧力制御には面積比1対1を使用します（**図2-32**）。

2-2 ■油圧制御弁

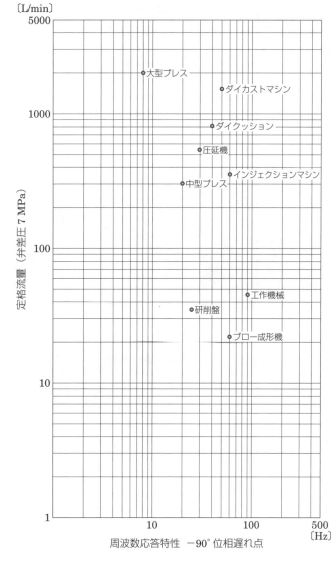

図2-30　一般産業機械のサーボ弁に要求する周波数応答特性の例

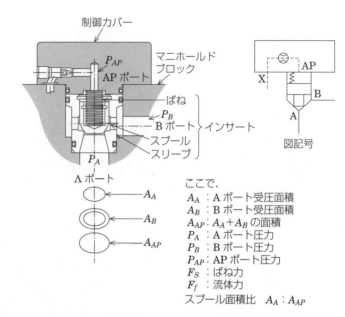

ここで、
A_A：Aポート受圧面積
A_B：Bポート受圧面積
A_{AP}：$A_A + A_B$の面積
P_A：Aポート圧力
P_B：Bポート圧力
P_{AP}：APポート圧力
F_S：ばね力
F_f：流体力
スプール面積比 $A_A : A_{AP}$

図2-31 カートリッジ弁構造

機　能	図記号	面積比 $A_A : A_{AP}$
ノーマルクローズ	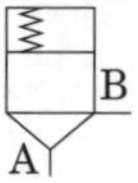	1：1
ノーマルクローズ	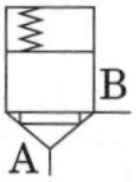	1：1.1
		1：1.5
		1：2
ノーマルオープン	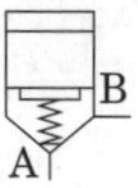	1：1.7
ノーマルクローズ（切欠き付き）	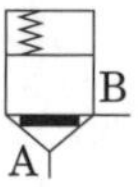	1：2
		1：1.5

図2-32 スプールの種類とその図記号

2-2 ■ 油圧制御弁

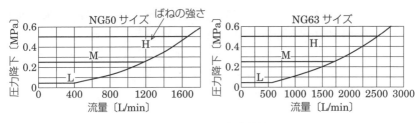

図 2-33　圧力損失特性

機能および形式	図記号
基本形	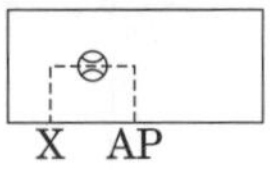 X AP
弁開度調整機能付き	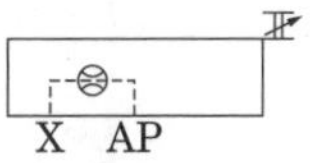 X AP
パイロット操作形チェック弁付き	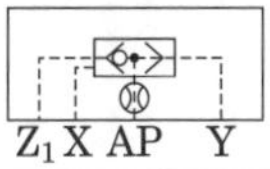 Z_1 X AP Y
ISO4401-03（切換弁）取付面付き	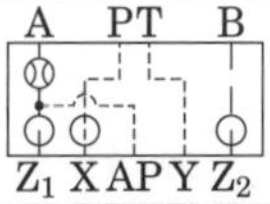 A PT B　Z_1 X AP Y Z_2
ISO4401-05（切換弁）取付面付き	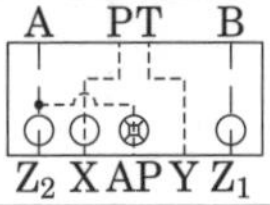 A PT B　Z_2 X AP Y Z_1
シャトル弁付き	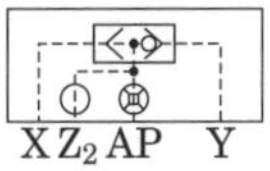 X Z_2 AP Y

図 2-34　制御カバーの種類とその図記号

❹ カートリッジ弁サイズ
NG16 から NG100 サイズまで 8 種類あり、数百～数万 L/min の制御流量範囲をカバーしています。

NG50 と NG63 サイズの圧力損失特性を**図 2-33** に示します。

スプールの動きを制御するものには、オリフィス、スプールのストローク調整機構、パイロット操作形チェック弁機能、電磁弁取付マウント、シャトル弁等がありますが、この機能は一般にカートリッジ弁の制御カバーに内蔵されています。主な制御カバーの種類とその図記号を**図 2-34** に示します。

カートリッジ弁による油圧制御システムの特長は次の通りで、高圧・大流量の設備に多く使われます。
① スプールはポペット弁構造なのでオーバラップがないため、応答性に優れ、内部リークも少ない。
② スプール形方向切換弁の場合では、P→AとB→T等のポートの切換えタイミングは固定されてしまうが、カートリッジ弁の場合には供給側と戻り側のスプールを単独に切り換えられるため、ショックのない運転が容易となる。
③ 油圧回路をマニホールドブロック内で構成するため、小形化と配管からの油漏れをなくすのが容易となる。

2-3 アクチュエータ

アクチュエータの分類を**図 2-35** に示します。

❶ ラム形
　ラム形シリンダはピストンがなく、圧力が直接ロッドに作用する単動シリンダです。

❶ 揺動形アクチュエータ
　出力軸の回転運動の角度が制限されているものです。

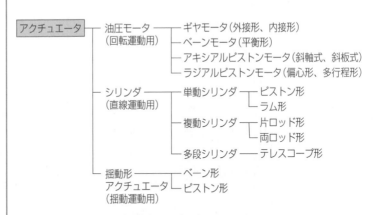

図 2-35　アクチュエータの分類

▶ 2-3-1　油圧モータ

各種油圧モータの性能比較を**表 2-3** に示します。
　油圧モータは、油圧ポンプの逆の機能をもつために構造は大差がありません。しかし、油圧ポンプと油圧モータの作動特性には大きな差異があり、油圧モータは使用条件が厳しいため注意を要します。**表 2-4** に作動特性の違いを示します。

表 2-3　各種油圧モータの性能比較（各メーカのカタログ性能より）

	形　式	押しのけ容積 $[cm^3/rev]$	最高回転速度 $[min^{-1}]$	定格トルク $[N・m]$	定格圧力 $[MPa]$	全効率 $[％]$
ベーンモータ	平衡形	40 〜 200 300 〜 12400	2600 400 〜 75	100 〜 450 660 〜 28000	15.7 14	65 〜 80 60 〜 80
ピストンモータ	アキシアル形	60 〜 800	2400 〜 1200	300 〜 3700	25 〜 31.5	88 〜 95
	ラジアル形	500 〜 12000	400 〜 70	1800 〜 45000	21	85 〜 92
ギヤモータ	外接形	10 〜 200	3000 〜 2300	35 〜 450	21 〜 14	75 〜 85
	内接形	8 〜 940	2000 〜 180	16 〜 2700	14 〜 21	60 〜 80

表2-4 油圧ポンプと油圧モータの作動特性の違い

	油圧ポンプ	油圧モータ
機　能	・回転動力→油圧動力 ・容積効率が重視される ・モータ作用はまれ	・油圧動力→機械回転動力 ・トルク効率が重視される ・ポンプ作用あり（ブレーキ動作）
回転方向	変わらず	両方向
回転速度	一定が普通	・広範囲な回転速度 ・停止状態で高圧を受けることがある
運転油温	・ポンプ本体と油温との差は少ない ・油温度変化は緩慢	著しい差で運転されることがある（サーマルショックの問題あり）
軸に対する外力	ない	プーリ，スプロケット，歯車等から外力を受ける

　アキシアルピストン形モータは、高速回転から低速回転まで使われますが、一般に低速用には減速機を組み込んでいます。
　ラジアルピストン形モータは、すべて低速用で高トルクを出力するもので、偏心形と多行程形の2種類があります。

▶ 2-3-2　油圧シリンダ

　油圧シリンダの分類は JIS B 8367 に取付形式によるものを規定しています。また、シリンダチューブ内径とロッド径、ピストンストローク、ロッド先端形状等を JIS B 8366 で規定しています。
　最も標準的なタイロッド方式のシリンダの構造を**図2-36**に示します。
　シリンダはシリンダチューブ、ピストン、ロッド、カバー、ブシュ、パッキンから構成され、これにクッション機構、空気抜きやロッドワイパ等が付きます。
　ピストンはシリンダチューブ内面を移動しながら流体エネルギーを運動エネルギーに変換する働きをしています。したがってピストンは軸受性能がよく、変形がしにくく、横荷重にも耐える構造と材質にします。

2-3 ■ アクチュエータ

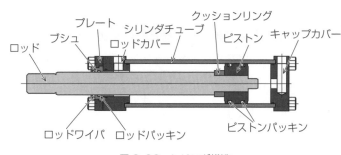

図 2-36 シリンダ構造

ロッドは、ピストンで得た直線運動を負荷へ伝える部品で、周囲の環境にさらされるため、一般に耐摩耗性・耐食性を向上させる硬質クロムメッキをします。

パッキンは、ロッドパッキンとピストンパッキンがありますが、油漏れ防止の重要な役割を担っています。

パッキンには作動油との適合性や、形状・材料による最高許容圧力、許容ピストン速度等があります。したがって、使用するパッキンは、作動油、温度、圧力、速度等の使用条件を考慮して選定する必要があります（旧 JIS B 8367：1999 参照）。

クッション機構（図 2-37）は、クッションリングとクッション弁、チェック弁からなります。ピストンロッドが行程の終端に

❷ シリンダ速度
　一般に推奨速度範囲は 15 ～ 300 mm/s で、これを外れて使用する場合はパッキンに考慮します。

❷ 旧 JIS B 8367：1999
　この古い規格には次の実用的な基準がのっています。
・最低作動圧力
・ロッドワイパからの油漏れ量
・内部油漏れ量
・パッキン材料と作動油の適合性
・パッキンの最高許容圧力

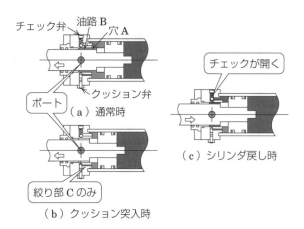

図 2-37 シリンダのクッション機構

近づくと、クッションリングが穴Aをふさぎ、油路Bは閉ざされ、油は絞り部Cだけを通るため、ピストンの背圧が増大してピストンの移動速度を低下させます。また、チェック弁はシリンダ戻し時に油の補給をさせるために設けています。

このクッション機構で止められるのは200 mm/sシリンダ戻し時程度で、これを超えると外部に減速機構を設ける必要があります。

シリンダチューブ内径およびロッド径の組合せは、JIS B 8367に規定しており、これを表2-5に示します。

表2-5 チューブ内径およびロッド径の組合せ

チューブ内径 ＼ ロッド径の記号	A	B	C	X	Y
32	22	18	14	20	16
40	28	22	18	25	20
50	36	28	22	32	25
63	45	36	28	40	32
80	56	45	36	50	40
100	70	56	45	63	50
125	90	70	56	80	63
140	100	80	63	90	70
160	110	90	70	100	80
180	125	100	80	110	90
200	140	110	90	125	100
220	160	125	100	140	100
250	180	140	110	160	125
ロッド断面積/チューブ断面積	1/2	1/3.2	1/5	1/1.25	1/4

注) ロッド径の記号は，ロッド断面積とチューブ断面積の比率で決定してある。

ロッドに圧縮力を受ける場合には十分な座屈強度が必要です。これが不足し、大きなたわみが生じるとブシュおよびピストンに大きな偏荷重が掛かり、焼き付き、スティックスリップ、パッキンの異常摩耗等の原因になります。

2-4 アクセサリ

▶ 2-4-1 フィルタ

油圧装置の機能を長時間維持するには、作動油の清浄度を常に適正なレベルに保たなければなりません。

フィルタは油中の汚染物質を捕捉するための機器ですが、使い方は一般に次の3通りです。

① ストレーナの設置

油圧ポンプは吸込抵抗が増大しキャビテーションが発生するのを防ぐために100メッシュ（150μm）〜150メッシュ（100μm）の粗い目の**ストレーナ**を吸込管路に使います。

これは汚染物質の捕捉が目的ではなく、主に気泡の吸込み防止と油圧装置の組立て中の残留汚染物質による初期トラブルを防ぐためのものといえます（表1-1（p.7）参照）。**図2-38**にストレーナの外観および圧力損失特性を示します。

> ❶ **メッシュと目の粗さ**
>
> メッシュは、1インチ（25.4 mm）間の縦線と横線との目の数の単位です。
>
> 目の粗さは、線の太さを引いたものになります。
>
> 例）線径0.1 mmの100メッシュの場合
>
> 目の粗さ
> $= \dfrac{25.4}{100} - 0.1$
> $\fallingdotseq 0.15$ mm
> で150μmと呼んでいます。
>
> なお、150メッシュには線径0.06 mmが使われ
>
> 目の粗さ
> $= \dfrac{25.4}{150} - 0.06$
> $\fallingdotseq 0.1$ mm
> 100μmとなります。

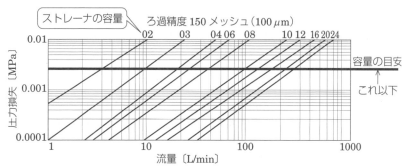

図2-38　ストレーナ外観および圧力損失特性例

② 管路フィルタの設置

これは高圧ライン用（サーボ弁やパイロットラインのIN側に設け、高精度機器を保護する目的のもの）と戻りライン用（アクチュエータやリリーフ弁の戻りラインに設ける低圧仕様のもの）があります。図2-39にフィルタの構造例と圧力損失特性を示します。

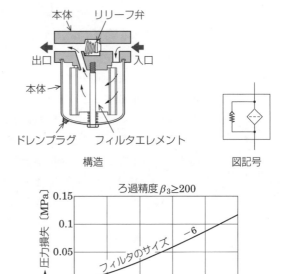

図2-39 フィルタの構造例と圧力損失特性例

また、フィルタエレメントの許容差圧、目詰まりインジケータの作動圧力、リリーフ弁の開弁圧力等のフィルタの特性例を表2-6に示します。一般にはリリーフ弁付きフィルタを使用しま

表2-6 フィルタの特性例

	エレメント許容差圧	インジケータ作動圧力	リリーフ弁開弁圧力
標準エレメント	0.7 MPa	0.3 MPa	0.35 MPa
高耐圧エレメント	21 MPa	0.7 MPa	ノンバイパス

2-4 アクセサリ

すが、サーボ弁の IN 側にはノンバイパス形フィルタがよく使われます。

③　オフラインフィルタの設置

管路フィルタでは目標の清浄度が得られない場合、専用のポンプとフィルタを用いることによって微細な摩耗粉等を除去します。

フィルタエレメントのろ過性能の表示は、マルチパス試験装置により算出した平均ろ過比（ベータ値）を使用するように JIS B 8356-8 で規定されています。

▶ 2-4-2　クーラ

大きな動力の油圧装置では、熱伝達効率の高い水冷式クーラが一般に使われています。

水冷式クーラの構造例および冷却性能の例を**図 2-40** に示します。熱伝導率の最も優れる銅を素材としたパイプの中に冷却水を通し、パイプの外側には高温の作動油を強制的に対向させるように流して冷却効果を上げています。

❶ β 値（ベータ値）
たとえば $\beta_{10} \geqq 75$ は、$10\,\mu m$ 以上の粒子の数がフィルタの下流よりも上流で 75 倍以上多いことを意味するので、$10\,\mu m$ 以上の粒子を 98.7 ％除去するものです。

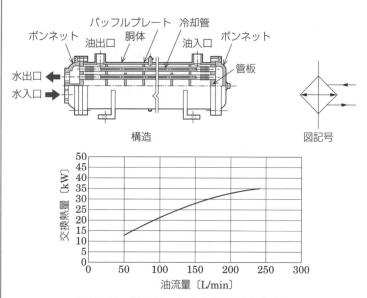

図 2-40　水冷式クーラの構造例と冷却能力例

冷却水が得られない場合や、工作機械のように水を嫌う場合には図2-41の空冷式（ファンクーラ）が使われます。

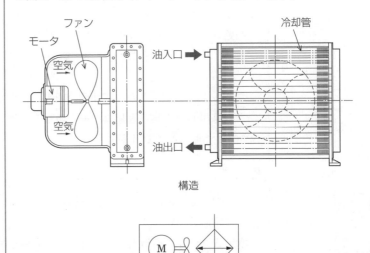

図2-41 空冷式クーラ

▶ 2-4-3 アキュムレータ

アキュムレータは液体の圧力エネルギーを蓄えることができるので、省エネルギーを達成します。最近では車両のブレーキエネルギーをアキュムレータに蓄積し、これを加速時に使用して、エンジン出力をアシストすることが行われています。

アキュムレータはピストン式、重力式、ばね式等、種々の方式がありましたが、ブラダのガス透過率が向上し、応答が早く、取扱いが容易なこと等の理由によって、近年はほとんどが気体式のブラダ形アキュムレータを使用しています。

アキュムレータの使用目的には、動力補償（エネルギー蓄積）のほか、脈動吸収、衝撃緩和、停電時の動力源、油圧回路の漏れ補償、ショックアブソーバ、温度変化による液体の体積変化補償等があります。

2-4 アクセサリ

図 2-42 はアキュムレータの種類を、図 2-43 にブラダ形アキュムレータの動力補償（エネルギー蓄積）を示します。

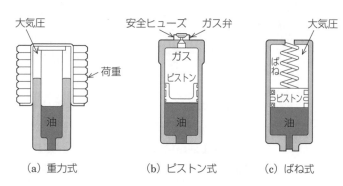

図 2-42　アキュムレータの種類

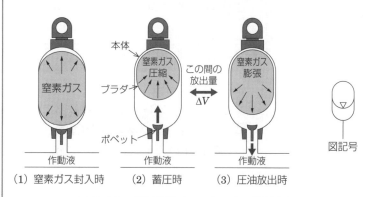

図 2-43　ブラダ形アキュムレータの動力補償

油圧基本回路

油圧編 3章

　油圧機器の性能と油圧回路の特性は車の両輪のようなもので、どちらか一方が満足しないと油圧システムはうまく機能しません。油圧回路には「基本回路」と呼ばれる基本的な機能の油圧回路があります。油圧の特性を生かすには、この基本回路をマスターし、使いわけることが大切です。
　本章では、主な基本回路とその回路特性を説明します。

3-1　基本回路の分類

　油圧は動力の伝達システムですから、エネルギー伝達効率のよいシステムが常に求められ、制御システムも変化しています。
　ここでは、液圧システムの油圧の特長を理解することに重点を置き、**図3-1**のように基本回路を分類しています。

3-1 ■ 基本回路の分類

```
圧力制御回路 ── 調圧回路 ──┬─ ベント圧力制御 …（図3-2）
                         ├─ 比例電磁式リリーフ弁 …（図3-3）
                         ├─ 圧力補償形可変容量ポンプ …（図3-4）
                         ├─ 圧力ピークの除去 …（図3-5）
                         └─ サーマルリリーフ弁 …（図3-6）
            ├─ アンロード回路 ┬─ P-T接続（タンデムセンタ）形方向制御弁 …（図3-7）
                            ├─ ベントアンロード回路 …（図3-8）
                            ├─ HI-LO（High-Low）回路 …（図3-9）
                            ├─ アンロードリリーフ弁 …（図3-10）
                            └─ カットオフ アンロード回路 …（図3-11）
            ├─ 減圧回路 …（図3-12）
            ├─ 増圧回路 …（図3-13）
            ├─ 圧抜き回路 …（図3-14）
            ├─ シーケンス回路 …（図3-15）
            └─ カウンタバランス回路（マイナス負荷、反転負荷） …（図3-16）

速度制御回路 ─┬─ 速度制御 ┬─ メータイン制御回路 …（図3-17）
                        ├─ メータアウト制御回路 …（図3-18）
                        └─ ブリードオフ回路 …（図3-19）
            ├─ 早送り ┬─ 差動回路(1)電磁弁方式 …（図3-20）
                     └─ 差動回路(2)シーケンス弁方式 …（図3-21）
            ├─ 減速回路 …（図3-22）
            └─ 同期回路 ┬─ 流量調整弁方式 …（図3-23）
                       ├─ 分流弁方式 …（図3-24）
                       └─ 油圧モータ方式 …（図3-25）

その他 ──┬─ ロッキング回路 …（図3-26）
        ├─ カートリッジ弁回路 …（図3-27）
        └─ 閉回路 …（図3-28）

省エネルギー回路 ┬─ アキュムレータ回路（動力補償） …（図3-29）
               ├─ ロードセンシング制御 …（図3-30）
               ├─ 電気ダイレクト制御方式 …（図3-31）
               └─ 回転速度制御方式 …（図3-32）
```

図3-1　基本回路の分類

3-2 調圧回路

ここでの調圧回路はポンプの吐出油の圧力を制御する回路と、外部からの衝撃や温度変化に伴い、回路内の圧力が異常に上昇するのを防止する回路を指します。

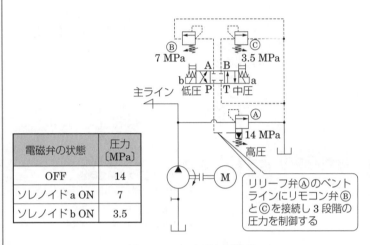

電磁弁の状態	圧力〔MPa〕
OFF	14
ソレノイド a ON	7
ソレノイド b ON	3.5

リリーフ弁Ⓐのベントラインにリモコン弁ⒷとⒸを接続し3段階の圧力を制御する

図3-2　ベント圧力制御

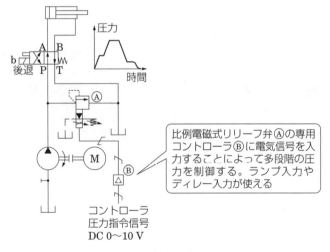

比例電磁式リリーフ弁Ⓐの専用コントローラⒷに電気信号を入力することによって多段階の圧力を制御する。ランプ入力やディレー入力が使える

図3-3　比例電磁式リリーフ弁

3-2 ■ 調圧回路

基本的にはパイロット作動形リリーフ弁のベント回路を多段に圧力制御するもの（**図3-2**）、比例ソレノイドを用いたリリーフ弁での回路（**図3-3**）となります。可変ポンプでの基本は、圧力補償形（プレッシャコンペンセータ形、**図3-4**）になります。

❶ カットオフ
　圧力がポンプ設定圧力に近づいた時、吐出し流量を減少させることです。

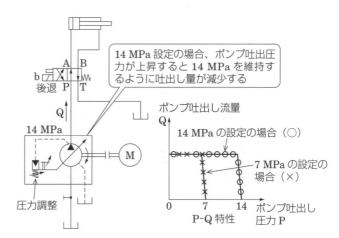

図3-4　圧力補償形可変容量ポンプ（プレッシャコンペンセータ形）

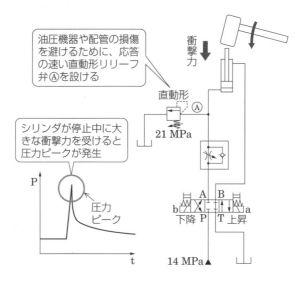

図3-5　圧力ピーク除去

3章■油圧基本回路

　衝撃や温度上昇による異常高圧の発生を防ぐには、応答が早いこと（**図3-5**）、内部リークがないこと（**図3-6**）が必要で、直動形リリーフ弁を用います。

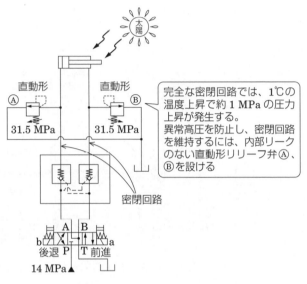

図3-6　サーマルリリーフ弁

3-3 ■ アンロード回路

3-3 アンロード回路

　アンロード回路とは、油圧回路への油の供給が必要でない場合に、ポンプ吐出し量を最小圧力で油タンクに戻す回路と定義されています。

　下記の回路は定容量ポンプの例（図3-7、図3-8）、ダブルポンプで高圧保持時に低圧大流量側ポンプをアンロードする例（図

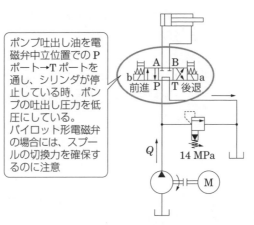

ポンプ吐出し油を電磁弁中立位置でのPポート→Tポートを通し、シリンダが停止している時、ポンプの吐出し圧力を低圧にしている。
パイロット形電磁弁の場合には、スプールの切換力を確保するのに注意

図3-7　P-T接続形（タンデムセンタ形）方向制御弁によるアンロード回路

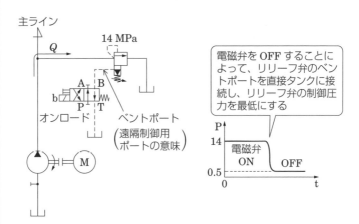

電磁弁をOFFすることによって、リリーフ弁のベントポートを直接タンクに接続し、リリーフ弁の制御圧力を最低にする

図3-8　リリーフ弁ベントアンロード回路

3-9)、アキュムレータの圧油充填完了時にアンロードさせる例（図3-10）です。図3-11は可変ポンプを最小圧力でフルカットオフさせる例ですが、ここに分類しています。

図3-9は、アンロード弁による大容量ポンプのアンロード回路で一般にHI-LO回路と呼ばれています。

プレス等のようにシリンダの作動途中で一定の負荷変化が発生し、そのため速度変化を必要とする場合によく使われる回路です。

早送り時は大小ポンプの吐出し量は合流して主ラインに供給されます。加圧行程に入り、主ラインの圧力がアンロード弁Ⓑの設定圧力になると大ポンプはアンロードとなり、小ポンプのみでシリンダを作動させます。

この間、チェック弁Ⓒは高圧側から低圧側への流れを防いでいます。

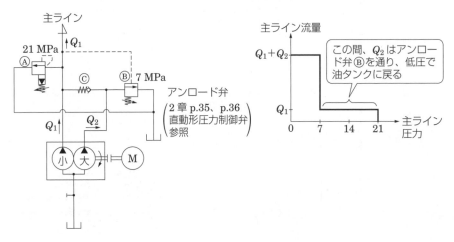

図3-9 HI-LO（High-Low）回路

3-3 ■ アンロード回路

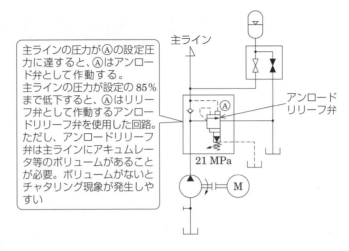

主ラインの圧力がⒶの設定圧力に達すると、Ⓐはアンロード弁として作動する。
主ラインの圧力が設定の85%まで低下すると、Ⓐはリリーフ弁として作動するアンロードリリーフ弁を使用した回路。
ただし、アンロードリリーフ弁は主ラインにアキュムレータ等のボリュームがあることが必要。ボリュームがないとチャタリング現象が発生しやすい

図3-10 アンロードリリーフ弁

❶ フルカットオフ
　ポンプのカットオフ状態で流量がゼロになることです。

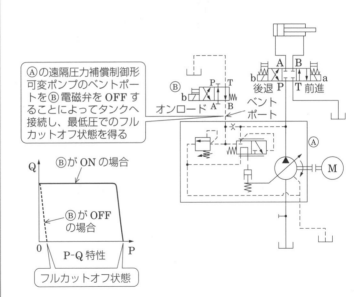

Ⓐの遠隔圧力補償制御形可変ポンプのベントポートをⒷ電磁弁を OFF することによってタンクへ接続し、最低圧でのフルカットオフ状態を得る

図3-11 カットオフ アンロード回路

3-4 減圧、増圧および圧抜き回路

図 3-12 は複数のアクチュエータを同時に制御し、低圧を要するアクチュエータに減圧弁を用いた例です。

図 3-13 は増圧回路として、ブースタシリンダを用いて高圧を得る例です。

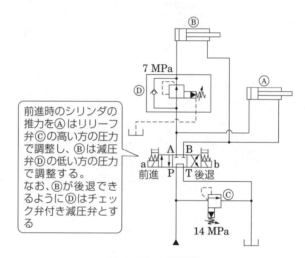

図 3-12 減圧回路

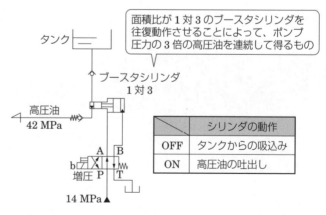

図 3-13 増圧回路

3-4 ■ 減圧、増圧および圧抜き回路

　圧抜き方法には、圧油を固定絞りまたは切換弁スプールに付けたノッチ部分を通して抜くものや、リリーフ弁の設定を高圧から低圧にして抜くもの等があります。基本的にはショックなく、圧抜き時間を短くしたいのですが、それぞれの圧抜き特性には差があります。

　図3-14は圧抜き特性の比較と絞り弁による圧抜き回路の例です。

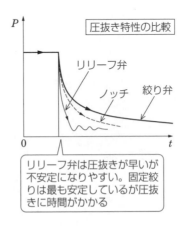

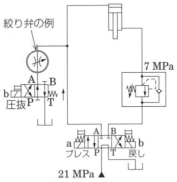

図3-14　圧抜き特性の比較と絞り弁による圧抜き回路

3-5 シーケンス回路および カウンタバランス回路

図3-15 はシーケンス弁による順次作動回路（シーケンス回路）です。シリンダⒶとⒷはほぼ作動圧力が等しい時、同時に動作します。これを図中の①→②→③→④の順序で作動させる必要がある時、シーケンス弁ⒸとⒹを用いた例です。

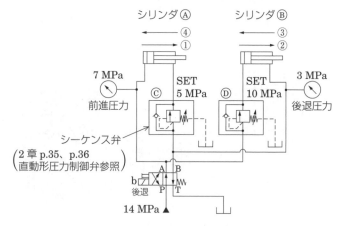

図3-15　シーケンス回路

①の前進圧力7 MPa に対し、シーケンス弁Ⓓを10 MPa に設定し、③の後退圧力3 MPa に対し、シーケンス弁Ⓒを5 MPa に設定することによって、目的の動きを自動的に行える回路です。

図3-16 は重力を受ける負荷の暴走を防ぐ回路例です。

図3-16 の左図は一定負荷の場合です。シリンダピストンは外力で引っ張られ6 MPa の圧力が発生します。暴走を防ぐためにカウンタバランス弁Ⓐで8 MPa の背圧をかけると、シリンダのキャップ側は1 MPa の押込み圧力でバランスしながら下降します。

図3-16 の右図は負荷が正逆転する場合です。前進動作は正（プラス）負荷から負（マイナス）負荷に変化します。

正負荷の間は、外部パイロットによりロッド側の圧力をカウン

3-5 ■ シーケンス回路およびカウンタバランス回路

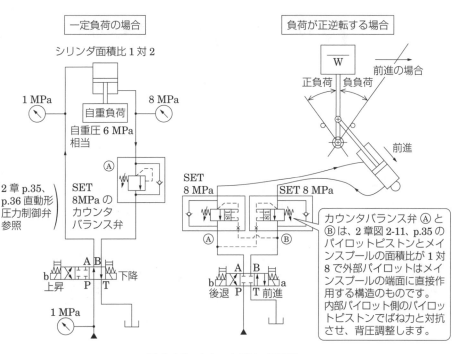

図 3-16　カウンタバランス回路

タバランス弁Ⓑのメインスプールの端面に印加し、スプールを全開にして、シリンダの背圧をゼロにします。

　負負荷に変わるとシリンダ背圧 8 MPa を維持するようにロッド側圧力（ポンプ供給圧力）は低圧でバランスしながら前進し、消費エネルギーを最小にします。

3-6 速度制御回路、差動回路、減速回路

❗ 速度制御回路

油圧回路で最も重要なのが、この3つの速度制御回路の使い分けといえます。

各々の特長を生かした応用として、わかりやすい例で表現すると次のようにいえます。

- 水平動作でショックの少ないスタート動作にはメータイン制御がよい
- 上昇動作はブリードオフ回路がふさわしい
- 下降動作は自重降下によるメータアウト制御が望ましい

図3-17から図3-19は最も基本となる速度制御回路です。

3つの速度制御回路の特性を比較するために、前進時のシリンダ負荷圧を3 MPa、油圧源のリリーフ弁の設定圧を14 MPa、シリンダ面積比を1対2とし、各制御回路における前進時の動作圧力を示しています。

差動回路とはシリンダから排出した流体をタンクに戻さず、シリンダの入口側に流入させ、シリンダの前進速度を増加させる回

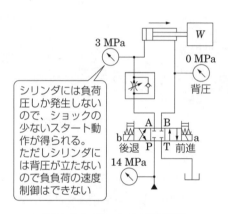

シリンダには負荷圧しか発生しないので、ショックの少ないスタート動作が得られる。ただしシリンダには背圧が立たないので負負荷の速度制御はできない

図3-17 メータイン制御回路

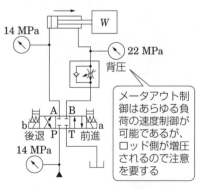

メータアウト制御はあらゆる負荷の速度制御が可能であるが、ロッド側が増圧されるので注意を要する

図3-18 メータアウト制御回路

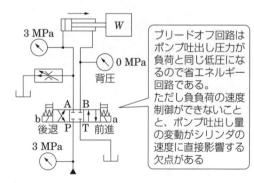

ブリードオフ回路はポンプ吐出し圧力が負荷と同じ低圧になるので省エネルギー回路である。ただし負負荷の速度制御ができないことと、ポンプ吐出し量の変動がシリンダの速度に直接影響する欠点がある

図3-19 ブリードオフ回路

3-6 ■速度制御回路、差動回路、減速回路

路です。差動回路（**図3-20**、**図3-21**）を解除する時、（1）の電磁弁方式は任意の位置で切換えが可能です。

（2）のシーケンス弁方式は差動回路解除の外部信号なしに自動的に切換えが可能です。ただし、切換位置は前進限に限定され、その影響を考慮する必要があります。

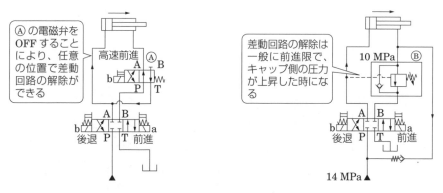

図3-20　差動回路（1）
　　　　電磁弁方式

図3-21　差動回路（2）
　　　　シーケンス弁方式

　減速回路の定義はありませんが、特にショックなくスムーズに減速させるという意味の回路としています。一般には比例電磁式流量制御弁が多く用いられます。

　ここでは、デセラレーション弁を用いる工作機械の減速回路の例を**図3-22**に示します。

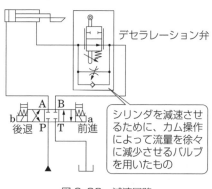

図3-22　減速回路

3-7 同期回路

複数のアクチュエータを同じ時間で動作するように制御する回路を同期回路といい、主なものは次の3方式です。

流量調整弁Ⓐと⑧を用いる方式（**図3-23**）、入口流量を一定の比率に制御する分流弁Ⓐを用いる方式（**図3-24**）、同期制御用に容積効率の高い油圧モータⒶを用いる方式（**図3-25**）です。

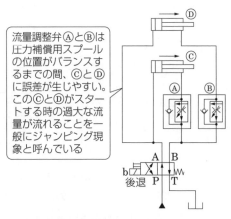

図3-23 同調回路（流量調整弁方式）

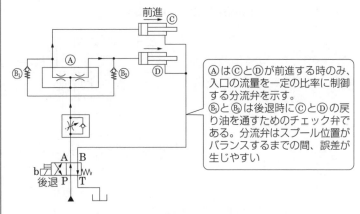

図3-24 同調回路（分流弁方式）

3-7 同期回路

　流量調整弁方式はアクチュエータの偏荷重の影響を受けず、補正回路も不要で使いやすいのが特長です。制御精度は5～10％程度（参考）です。

　分流弁は構造上2分流しかできないので、複数アクチュエータの同期の場合には、バルブを直列につなぎ圧力損失が大きくなります。また補正回路が必要となり、使いにくい面がありますが、制御精度は5％程度です。

　油圧モータ方式はジャンピング現象がなく、最もよい制御精度が得られます。ただし補正回路を要します。

　いずれの方式も誤差が累積しないように修正動作をもたせることが必要です。

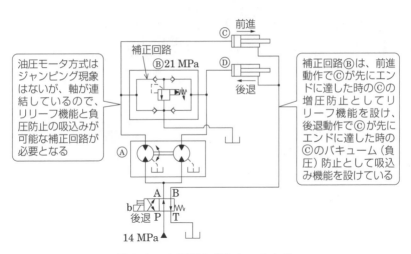

図 3-25　同調回路（油圧モータ方式）

3-8 ロッキング回路、カートリッジ弁回路、閉回路

ロッキング回路とはアクチュエータの位置を維持する回路をいいます。油圧モータやバルブ類は一般に内部リークがあり、圧力差によってアクチュエータは動いてしまいます。

図**3-26**は、パイロットチェック弁を用いて油を封じ込め、シリンダ位置を固定させる方式のロッキング回路の例です。

図**3-27**はカートリッジ弁でシリンダを前後進させる回路例です。カートリッジ弁のスプールは、接続するすべての油路の圧力の影響を受けます。このため、スプールを確実に閉じるため、高

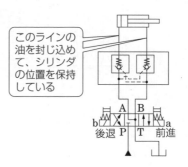

図3-26 ロッキング回路

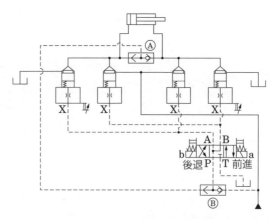

図3-27 カートリッジ弁回路

3-8 ロッキング回路、カートリッジ弁回路、閉回路

圧優先シャトル弁のⒶとⒷを用いて回路中の最も高い圧力をスプール端に印加させています。

図3-28は電動機でポンプを駆動した油圧閉回路の例です。

❶ シャトル弁
シャトル弁は2つの入口ポートと1つの出口ポートを有し、常に高い方の圧力を出口ポートに導くバルブです。

入口ポートのどちらか一方をメクラにすると、誤動作の原因になるので、必ずすべてのポートを接続します。

❷ 閉回路
閉回路とは戻り油をポンプの吸込口に直接接続する回路と定義しています。

現状では両傾転ポンプによる方法（建設機械のエンジン駆動等）と両方向回転ポンプによる方法（産業機械のサーボモータ駆動等）があります。

一方向回転

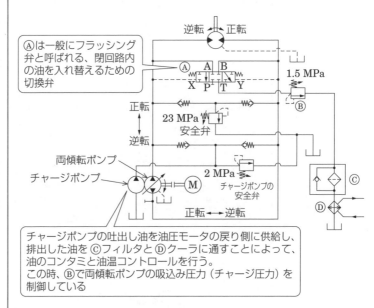

図3-28　閉回路

Ⓐは一般にフラッシング弁と呼ばれる、閉回路内の油を入れ替えるための切換弁

チャージポンプの吐出し油を油圧モータの戻り側に供給し、排出した油をⒸフィルタとⒹクーラに通すことによって、油のコンタミと油温コントロールを行う。
この時、Ⓑで両傾転ポンプの吸込み圧力（チャージ圧力）を制御している

3-9　省エネルギー回路

近年は地球の温暖化防止のために油圧駆動システムも省エネルギー化を図ることは第一優先で求められています。ここではこの目的の油圧回路を省エネルギー回路とし、代表的なものを示します。

図 3-29 はアキュムレータを使用して動力補償や圧力保持を行い、省エネルギーを図る例です。

図 3-30 はロードセンシング制御でアクチュエータが必要とす

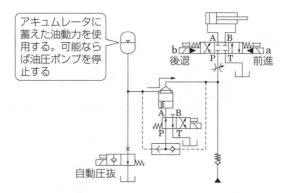

図 3-29　アキュームレータ回路（動力補償）

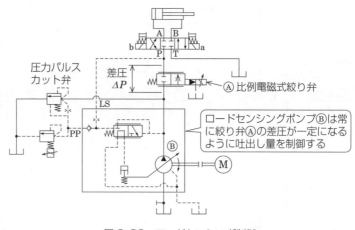

図 3-30　ロードセンシング制御

3-9 省エネルギー回路

る圧力・流量を可変ポンプ自身が自動的に供給する開ループ制御システムです。

図3-31は圧力および傾転角度センサを搭載した可変ポンプを用い、圧力・流量をマイナー閉ループにて制御するシステムです。

図3-32の回転速度制御は、定容量形ポンプの回転速度を制御することによって、流量と圧力を制御する閉ループ制御システムです。

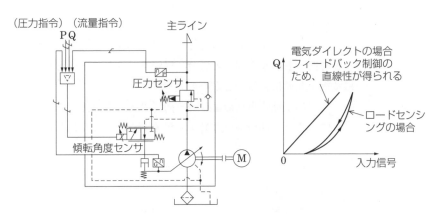

図3-31　電気ダイレクト制御方式

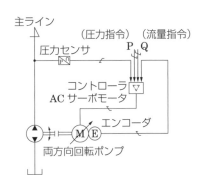

省エネルギー性の比較（参考）

制御方式	効率〔%〕
ロードセンシング制御	54
電気ダイレクト制御	59
回転速度制御	73

回転速度制御方式は必要な分しかポンプを回転させないので、省エネルギー性と低騒音、低発熱が特徴

図3-32　回転速度制御方式

油圧編 4章 油圧回路の設計

4-1 油圧回路の設計手順

　機械類に油圧システムを適用するにあたっては、対象とする機械の構造、使用目的、負荷特性、目標精度等を把握し、また、稼働時間、設置する周囲の環境、保守空間さらには適用規格および法規を明確にすることが不可欠です。

　次に油圧機器単体および油圧回路の特性を把握する必要があります。また、機械安全に対する実施例や過去の不具合事例を把握することも必要です。

　不具合のない油圧システムを設計するには、設計手順を遵守することが望ましいといえます。

　油圧システムの一般的な設計手順を以下に示します。

① 機械仕様の把握
② 作動油の選定
③ 油圧回路圧力の決定
④ 油圧回路の設計
⑤ 油圧機器の選定
⑥ 作動油清浄度の決定
⑦ 配管サイズの決定
⑧ タンク容量の決定

▶ 4-1-1　機械仕様の把握

　主として把握しなければならない機械仕様は次の項目です。

● 機械の仕様
① 構　造

4-1 ■ 油圧回路の設計手順

　② 油圧の使用目的
　③ 負荷の特性と目標精度
　　a. 負荷の種類と大きさ（負荷の質量、摩擦抵抗、慣性負荷、粘性負荷、弾性負荷、トルク）
　　b. 変位、速度、加速度
　　c. 制御精度（位置、速度、加速度、荷重、トルク）
　④ 制御方式
　　a. 駆動源の種類と容量
　　b. マシンコントローラとのインタフェース

● 使用条件
　① 稼働時間
　② 設置場所
　　a. 屋内、屋外
　　b. アクチュエータと油圧ユニット間の配管長さと高低差
　③ 設置環境
　　a. 周囲温度、湿度（高温対策、寒冷地対策、防水対策）
　　b. 塵埃の種類と程度（エアブリーザ、フィルタ回路等）
　　c. 腐食雰囲気（使用機器の構造、材質、表面処理等）
　　d. 爆発雰囲気（防爆対策）
　　e. 機械振動、地震（機械強度、耐震構造）

● 保守条件
　① 保守の程度と期間
　② 使用者の技術レベル
　③ 保守スペース、作業性、互換性

● 適用規格、法規

　とくに機械安全や環境保全の義務化が進んでいますが、その中心となる規格がJIS B 8361「油圧-システム及びその機器の一般規則及び安全要求事項」です。
　油圧装置に関する法令は主に次の3つで、必ず遵守する必要があります。
　① 労働安全衛生法
　② 高圧ガス保安法

③　消防法

▶ 4-1-2　作動油の選定

油圧システムの設計では、とくに下記の点に十分な注意が必要です。

① 　作動油の粘度（油圧編1章　1-4-2参照）

粘性は流体抵抗を支配するもので、油圧システムの性能を決める重要な要因です。使用する油圧機器のしゅう動部分への十分なシール性と潤滑性を保証し、キャビテーションによる機能部品のエロージョンや、騒音・振動の発生を防ぐために、適正な粘度範囲で使用することが重要です。

② 　難燃性・不燃性作動油（油圧編1章　表1-3参照）

火災の危険がある場所で使われる油圧装置には、難燃性・不燃性の作動油が用いられますが、この作動油は、潤滑性、使用材料との適合性、使用できる限界温度等が石油系作動油と異なるので注意が必要です。

▶ 4-1-3　油圧回路圧力の決定

高圧化は油圧システムの特性の向上（小形・軽量化、高応答化等）にメリットがあり、年々高圧化が進む傾向にあります。一方、油圧回路圧力はマシンの特性への影響が大きく、慎重にこれを決める必要があり、現状の使用圧力レベルを把握することは重要です。

現状の一般的な使用圧力レベルを参考に示します。

① 　低圧（7 MPa 以下）

・内部リークが少なく、容積効率が高く安定している。

・油の圧縮の影響が小さい。

・低騒音でショックが小さい。

このため、工作機械等の精密機械の制御に向いています。

② 　中圧（7 〜 21 MPa）

・圧力伝達効率が高い。

・市場性や経済性が高い。

このため、射出成形機、ダイカストマシン、搬送機械等の一般

産業機械や舶用機械等に多く使用されています。
③　高圧（21 MPa 以上）
　　・圧力伝達効率が最も高い。
　　・小形軽量化ができる。
　このため、プレス、圧延機械、建設機械等、大出力を要するところに多く使用されています。

▶ 4-1-4　油圧回路の設計

　最適な油圧回路を設計するには負荷条件を明確にします。この際負荷サイクル表、所要流量-圧力-ポンプ軸入力線図等を用いると理解しやすくなります。
　負荷条件を把握したら、各アクチュエータの圧力制御、流量制御、方向切換制御について検討し、油圧回路を設計します。
　通常は複数の回路案を作成し、イニシャルコスト、省エネルギー性、安全性、保守性の面から比較検討し、最適な油圧回路を決定します。

▶ 4-1-5　油圧機器の選定

①　アクチュエータの選定
　　出力、ストローク、取付け方法、材質等を考慮し選定します。
②　油圧ポンプの選定
　　回転数、押しのけ容積、定格圧力より適合するものを選択し、その油圧ポンプを運転するための動力を決定します。
　　選定基準：ポンプ効率、外観寸法、質量、取付け、制御方法
③　制御弁の選定
　　選定基準：定格圧力、定格流量、作動方式、取付け方式、静特性、動特性、質量等
　　特に制御弁のリーク量と圧力損失には注意を要します。

▶ 4-1-6　作動油清浄度の決定

　油圧システムの機能を長期間維持するには、常に作動油の清浄度を保たねばなりません。ここでは、油圧装置に最適な作動油清

浄度レベルの決定を行います。

なお、作動油の清浄度レベルの決定においては、油圧システムで使用する油圧機器のうち、汚染物質に最も弱いものの保護を目標に行います。決定の際は、油圧機器の信頼性・安全性の向上、油圧装置の稼働時間の延長、作動油寿命の延長、保守費用および廃棄費用の削減等も考慮することが大切です。

▶ 4-1-7　配管サイズの決定

配管サイズは使用する流量と圧力から、管内径と使用する圧力に耐える管の厚さ・材質を選定します。

表4-1および**表4-2**に配管径選択表を参考に示します。

● 管内径

推奨される粘度範囲において、石油系作動油の場合の管内径は、一般的に JIS B 8361 で推奨している次の管内流速を基準として決定されます。

・ポンプ吸込配管：1.2 m/s 以下
・圧力配管　　　：5 m/s 以下
・戻り配管　　　：4 m/s 以下

管内流速は配管抵抗や油撃の発生等を考慮すれば、できるだけ低い方が望ましいですが、応答性等も考慮して決定しなければなりません。

ポンプ吸込み配管は、油圧ポンプの吸入み能力とも関連し、吸込み抵抗増大によるキャビテーションの発生に注意が必要です。このため、ポンプ吸込み配管の場合には、ストレーナの吸込み抵抗、配管抵抗および油面ヘッド差によるトータルの吸込み抵抗から配管径を決める必要があります。

圧力配管では、使用圧力に対し配管抵抗が過大にならないように配慮しなければなりません。特に工作機械等、3 MPa 以下の低圧の装置では 3 m/s 程度の低い値をとります。また、製鉄機械のように配管が非常に長い場合には 4 m/s 以下とするのが一般的です。

戻り配管では、背圧が過大にならないように、また、弁切換時

4-1 ■ 油圧回路の設計手順

表 4-1 配管径選択表（1）

呼び径		JIS G 3454 (STPG38) SCH40			吸込みライン		戻りライン		JIS G 3454 (STPG38) SCH80		圧力ライン	
		外径	内径	厚さ	流速	流量	流速	流量	内径	厚さ	流速	流量
A	B	(mm)	(mm)	(mm)	(m/s)	(L/min)	(m/s)	(L/min)	(mm)	(mm)	(m/s)	(L/min)
6	1/8	10.5	7.1	1.7	1.2	3	4	10	5.7	2.4	5	8
8	1/4	13.8	9.4	2.2	1.2	5	4	17	7.8	3	5	14
10	3/8	17.3	12.7	2.3	1.2	9	4	30	10.9	3.2	5	28
15	1/2	21.7	16.1	2.8	1.2	15	4	49	14.3	3.7	5	48
20	3/4	27.2	21.4	2.9	1.2	26	4	86	19.4	3.9	5	89
25	1	34	27.2	3.4	1.2	42	4	139	25	4.5	5	147
32	1-1/4	42.7	35.5	3.6	1.2	71	4	238	32.9	4.9	5	255
40	1-1/2	48.6	41.2	3.7	1.2	96	4	320	38.4	5.1	5	347
50	2	60.5	52.7	3.9	1.2	157	4	524	49.5	5.5	5	577
65	2-1/2	76.3	65.9	5.2	1.2	246	4	819	62.3	7	5	915
80	3	89.1	78.1	5.5	1.2	345	4	1150	73.9	7.6	5	1287
90	3-1/2	101.2	90.2	5.7	1.2	460	4	1534	85.4	8.1	5	1718
100	4	114.3	102.3	6	1.2	592	4	1973	97.1	8.6	5	2222
125	5	139.8	126.6	6.6	1.2	906	4	3021	120.8	9.5	5	3438

呼び径		JIS G 3455 (STS38) SCH160			圧力ライン		使用圧力と管の厚さ選択					
		外径	内径	厚さ	流速	流量	7 MPa		14 MPa		21 MPa	
A	B	(mm)	(mm)	(mm)	(m/s)	(L/min)	ねじ込み	溶接	ねじ込み	溶接	ねじ込み	溶接
6	1/8	10.5					○	○	○	○	○	○
8	1/4	13.8					○	○	○	○	○	○
10	3/8	17.3					○	○	○	○	○	○
15	1/2	21.7	12.3	4.7	5	36	○	○	○	○	▲	○
20	3/4	27.2	16.2	5.5	5	62	○	○	○	○	▲	○
25	1	34	21.2	6.4	5	106	○	○	▲	○	▲	○
32	1-1/4	42.7	29.9	6.4	5	211	○	○	▲	○	×	▲
40	1-1/2	48.6	34.4	7.1	5	279	○	○	▲	○	×	▲
50	2	60.5	43.1	8.7	5	438	○	○	▲	○	×	▲
65	2-1/2	76.3	57.3	9.5	5	774	○	○	▲	○	×	▲
80	3	89.1	66.9	11.1	5	1055	○	○	▲	○	×	▲
90	3-1/2	101.2	76.2	12.7	5	1368	○	○	▲	▲	×	▲
100	4	114.3	87.3	13.5	5	1796	○	○	▲	▲	×	×
125	5	139.8	108	15.9	5	2748	○	○	▲	▲	×	×

注）○印は、sch80 を示す。▲印は、sch160 を示す。×印は、使用不可を示す。
　　ただし、ねじ込み配管の安全率は 5、溶接配管の安全率は 4.5。

4章 油圧回路の設計

表4-2 配管径選択表(2)

外径〔mm〕	内径〔mm〕	厚さ〔mm〕	流速〔m/s〕	流量〔L/min〕	安全率	許容圧力〔MPa〕	7 MPa	14 MPa	21 MPa
4	2	1	4.5	1	4.5	43	1	1	1
6	3	1.5	4.5	2	4.5	43	1.5	1.5	1.5
8	5	1.5	4.5	5	4.5	32.3	1.5	1.5	1.5
10	7	1.5	4.5	10	4.5	25.8	1.5	1.5	1.5
12	7	2.5	4.5	10	4.5	35.8	1.5	1.5	2.5
12	9	1.5	4.5	17	4.5	21.5			
16	10	3	4.5	21	4.5	32.3	1.5	1.5	3
16	13	1.5	4.5	36	4.5	16.1			
20	13	3.5	4.5	36	4.5	30.1	2	2	3.5
20	16	2	4.5	54	4.5	17.2			
25	21	2	4.5	94	4.5	13.8	2	×	×
30	26	2	4.5	143	4.5	11.5	2	×	×
38	33	2.5	4.5	231	4.5	11.3	2.5	×	×

注)×印は、使用不可を示す。

> **❶ 油撃**
> 油圧回路内の急激な流速の低下によって圧力が上昇する現象です。

における油撃の発生が予測される場合には、流速をできるだけ低くするように計画する必要があります。

● 管の厚さ

油圧装置は、バルブの切換時やシリンダの加圧力を解放する時に圧力サージが発生しやすいです。また、熱膨張やポートの弾性ひずみおよび乱暴な取扱い等によって機械的応力が加わることもあります。これらを考慮して、一般に配管の安全率は4.5～8としています。

管の厚さの計算には、一般に次のBarlowの実験式が使われます。

$$t = \frac{pD}{2f} \qquad \cdots(4\cdot1)$$

ここで、t：管の厚さ〔mm〕
　　　　p：使用圧力〔MPa〕
　　　　D：管の外径〔mm〕
　　　　f：許容応力〔N/mm^2〕

▶ **4-1-8　油タンク容量の決定**

　従来からタンク容量は、主として運転中の油温上昇、油面変動量や作動油の寿命等から決定され、一般的な油圧装置では使用する油圧ポンプの平均吐出量の3～5倍でした。

　近年は油漏れやオイルミストによるマシンの汚れ、装置の小形化、廃油処理等の改善や省資源の要求が強まっています。

　こうしたことから、省エネルギーシステムを確立し、作動油の温度上昇や酸化劣化を抑えることによって、油タンクの小形化を図ることが必要です。

4-2 油圧回路の設計 実施例1 （600 t SMCプレス）

　SMCプレスは、熱硬化性樹脂に補強材のフィラーを混ぜた材料を成形する機械で、数百tから4000tクラスまであります。

　ここでは600 tプレスを例に、油圧回路の設計について説明します。なお、プレス機械の仕様は**図4-1**に示す通りとします。

　また、油圧回路設計の流れを**図4-2**に示し、その結果作成した油圧回路図を**図4-3**に示します。これらの図に沿って説明します。

▶ 4-2-1　検討① シリンダの所要流量と所要圧力

　最初に各動作におけるシリンダの所要流量と所要圧力を求めます（図4-1参照）。

$$ラムシリンダ面積：A_1 = \frac{\pi}{4} D^2 \times 10^{-2}$$

$$= \frac{\pi}{4} \times 450^2 \times 10^{-2} = 1590 \text{ cm}^2$$

【サイドシリンダ】

$$キャップ側面積：A_h = \frac{\pi}{4} D_1^2 \times 10^{-2}$$

$$= \frac{\pi}{4} \times 160^2 \times 10^{-2} = 201 \text{ cm}^2$$

$$ロッド断面積：A_r = \frac{\pi}{4} D_2^2 \times 10^{-2}$$

$$= \frac{\pi}{4} \times 100^2 \times 10^{-2} = 78.5 \text{ cm}^2$$

$$ロッド側面積：A_{h-r} = \frac{\pi}{4} (D_1^2 - D_2^2) \times 10^{-2}$$

$$= \frac{\pi}{4} (160^2 - 100^2) \times 10^{-2} = 122.5 \text{ cm}^2$$

$$シリンダ面積比：R_1 = \frac{A_1}{A_{h-r}} = \frac{1590}{122.5} = 13$$

4-2 ■ 油圧回路の設計 実施例1（600 t SMC プレス）

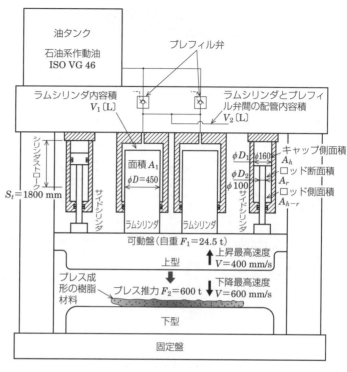

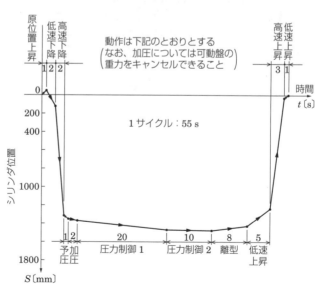

図4-1　プレス仕様

4章■油圧回路の設計

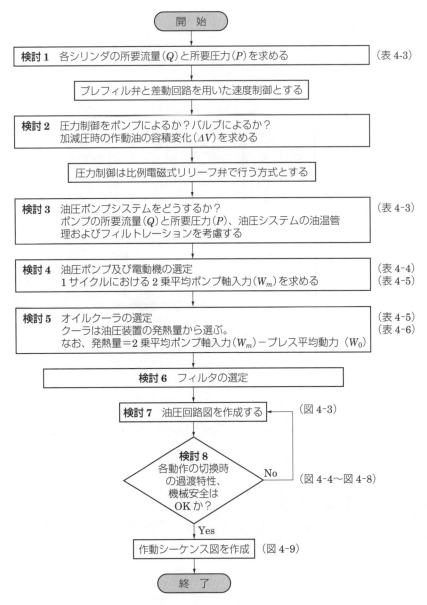

図 4-2　油圧回路設計の流れ（600 t SMC プレス）

4-2 ■油圧回路の設計 実施例1（600t SMCプレス）

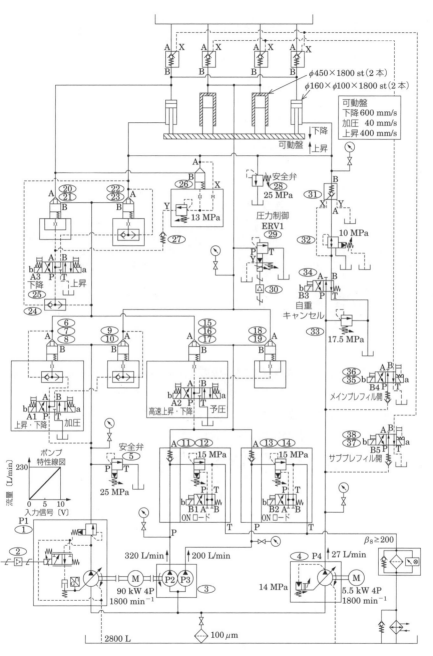

図4-3　600t SMCプレスの油圧回路図

シリンダ面積比：$R_2 = \dfrac{A_h}{A_{h-r}} = \dfrac{201}{122.5} = 1.64$

各動作の所要流量は $Q = AV \times 60 \times 10^{-4}\,\mathrm{L/min}$ より求めます。
ここで、A：各シリンダの面積〔cm²〕
　　　　V：各シリンダの速度〔mm/s〕

また、可動盤の重さ $F_1 = 24.5\,\mathrm{t}$、プレス力 $F_2 = 600\,\mathrm{t}$、n はシリンダ本数を示すと、上昇時の所要圧力は

$$P_1 = \frac{F_1}{A_{h-r} \times n} = \frac{24.5 \times 10^3}{122.5 \times 2} = 100\,\mathrm{kgf/cm^2} = 9.81\,\mathrm{MPa}$$

プレス力の所要圧力は

$$P_2 = \frac{F_2}{A_1 \times n} = \frac{600 \times 10^3}{1590 \times 2} = 189\,\mathrm{kgf/cm^2} = 18.5\,\mathrm{MPa}$$

各動作のシリンダ流量と所要圧力の計算結果を**表4-3**に示します。

表4-3より、シリンダ1本当たりの所要流量は高速下降動作ではラムシリンダで5724 L/min、サイドシリンダで724 L/minとなります。

プレス機械では、高速下降に必要な数千 L/min ほどの大流量は、プレフィル弁を用い、油タンクから直に油を吸い込ませてまかないますが、ここでも同じ方式に決定します。

上昇動作時においては、ラムシリンダ内の油はプレフィル弁を開けてタンクへ直接戻します。

サイドシリンダの上昇動作においてもシリンダの戻り油はプレフィル弁を用いて、直接タンクへ戻すことにします。

また、サイドシリンダの下降動作は、差動回路を用いることによってポンプ容量を小さくすることに決定します。差動回路なしでは、高速下降に必要なポンプ吐出流量は

$Q = 724 \times 2 = 1448\,\mathrm{L/min}$

ですが、差動回路にすることによって

$Q = (Q_h - Q_{h-r}) \times 2 = (724 - 441) \times 2 = 566\,\mathrm{L/min}$

でまかなうことができます。

4-2 ■油圧回路の設計　実施例1（600 t SMC プレス）

表4-3　シリンダの所要流量と所要圧力

		原位置上昇	低速下降	高速下降	与圧	加圧	圧力制御1	圧力制御2	離型	低速上昇	高速上昇	低速上昇
作動時間：t [s]		1	2	2	1	2	20	10	8	5	3	1
速度：V [mm/s]		40	80	600	30	10	5	1	5	40	400	40
シリンダ位置 S [mm]		+40	−120	−1320	−1350	−1370	−1470	−1480	−1440	−1240	−40	0
推力：F [t]		24.5			170	600	600	600	50	24.5	24.5	24.5
シリンダ面積	ラムシリンダ：A_1 [cm²]	1590										
	キャップ側：A_h [cm²]	201										
	ロッド側：A_{h-r} [cm²]	122.5										
シリンダ流量	ラムシリンダ：Q [L/min]	382	763	5724	286	95	48	10	48	382	3816	382
	キャップ側：Q_h [L/min]	48	96	724	36	12	6	1	6	48	482	48
	ロッド側：Q_{h-r} [L/min]	29	59	441	22	7	4	1	4	29	294	29
所要圧力：P [kgf/cm²]、[MPa]		100 9.8			53 5.2	189 18.5	189 18.5	189 18.5	204 20	100 9.8	100 9.8	100 9.8

注）シリンダ流量は1本分を示しています。

▶ 4-2-2　検討②　圧力制御

　油圧ポンプによる圧力制御かバルブによる圧力制御にするか検討します。

　一般に作動油は非圧縮性として扱いますが、プレス機械のようにシリンダや配管内の油の容積が大きく、制御圧力が高い場合には油の圧縮は無視できなくなります。

　ラムシリンダ内容積は

$$V_1 = A_1 \times n \times S_t \times 10^{-4} = 1590 \times 2 \times 1800 \times 10^{-4} = 572 \text{ L}$$

プレフィル弁とラムシリンダとの間の配管内容積は、配管を

65A×sch160×6 m 長さと仮定すると

$$V_2 = \frac{\pi}{4} \times 57.3^2 \times 10^{-2} \times 600 \times 10^{-3} = 15 \text{ L}$$

これより加圧時の作動油の総容積は $V = V_1 + V_2 = 572 + 15 = 587$ L となります。

たとえば、加圧力を 600 t から 100 t へ 1 秒間で下げる場合、圧縮油を逃がす流量はどの程度かと考えます。

600 t の制御圧力は 18.5 MPa で、100 t は 6 分の 1 の約 3.1 MPa で、この圧力変化による油の容積変化量を求めることになります。油の容積変化量は式（1・1）（p.17）と表 1 - 4（p.16）から

$$\Delta V = V \cdot \frac{\Delta P}{K} = 587 \times \frac{18.5 - 3.1}{1700} = 5.3 \text{ L} \qquad \cdots (4 \cdot 2)$$

ここで、ΔP：圧力の変化量〔MPa〕
　　　　K：油の体積弾性係数〔MPa〕

流量に換算し、圧抜流量は $Q = 5.3 \times 60 = 318$ L/min となります。

開回路において、ピストンポンプを逆傾転させることによって圧抜きを行うには許容値を超えるので、圧力制御は比例電磁式リリーフ弁で行う方式に決定します。

▶ **4-2-3　検討③　ポンプの制御方式**

使用ポンプの制御方式を決め、油圧回路を確定します。
1 サイクルの所要流量と所要圧力を整理すると**表 4 - 4**のようになります。これから、

① 大流量を要するのは高速下降、与圧と高速上昇動作の時であり、いずれも 14 MPa 以下の中圧です。高圧仕様の最大流量は約 190 L/min です。
このことから圧力平衡形で長寿命が特長のベーンポンプと高圧ピストンポンプとの合流方式が可能です。
② 油圧システムは電動式に比べて長寿命なのが特徴ですが、これを生かすには作動油の粘度（温度）と清浄度を一定に保つことが大切です。

4-2 ■ 油圧回路の設計　実施例1（600t SMCプレス）

表4-4　所要流量と所要圧力

この間は、差動回路を構成

	原位置上昇	低速下降	高速下降	与圧	加圧	圧力制御1	圧力制御2	離型	低速上昇	高速上昇	低速上昇
作動時間：t〔s〕	1	2	2	1	2	20	10	8	5	3	1
所要流量：Q〔L/min〕	58	74	566	572	190	96	20	8	58	588	58
所要圧力：P〔MPa〕	9.8	2	2	5.2	18.5	18.5	18.5	20	9.8	9.8	9.8

プレス機械は動力が大きく、発熱量も大きくなり、水冷式クーラが必要になりますが、効率よく冷却するには作動油を循環させることが必要です。

③　プレフィル弁は大気圧を利用して、タンク内の油をシリンダに流すバルブです。このためタンクとプレフィル弁との管路の途中に水冷式クーラを設置し、作動油を循環させることは吸込み抵抗が増大し適用できません。

④　差動回路はシリンダからの戻り油を供給側油路に接続するために、ポンプの容量は小さくできますが、シリンダからタンクへ戻ってくる油はありません。

①～④からベーンポンプは大流量が必要となる動作時の圧油供給ポンプとし、その他の時は油圧システムの冷却およびフィルトレーション用の循環ポンプとすることに決定します。

▶ 4-2-4　検討④　ポンプ選定と電動機容量

次に油圧ポンプを選定し、三相誘導電動機の容量を検討します。

一般に産業機械のポンプ回転数は600～1800 min^{-1}ですが、水-グリコールやリン酸エステル系の難燃性作動油では600～1200 min^{-1}に制限されます。本機は石油系作動油の使用であり、ポンプ台数を少なくするために、三相誘導電動機は4Pを使用して、ポンプ回転数を1800 min^{-1}とします。

なお、三相誘導電動機の回転数は次式で得られます。

$$N = \frac{120f}{P}(1-s) \qquad \cdots (4\cdot 3)$$

ここで、三相誘導電動機の回転速度：N〔min^{-1}〕
電源周波数：f〔Hz〕
電動機極数：P
電動機のすべり率：s（約 0.02 〜 0.05 参考）

油圧ポンプは可変容量形ピストンポンプ（P_1）と 2 連ベーンポンプの合流にて所要流量をまかなうものとし、電動機は 1 台運転が可能なような両軸モータとすることに決定します。

P_1 ポンプ：V_{th} = 130 cc/rev の可変ピストンポンプ
P_2 ポンプ：V_{th} = 189 cc/rev 相当のベーンポンプ
P_3 ポンプ：V_{th} = 120 cc/rev 相当のベーンポンプ

各ポンプの吐出流量、軸入力はメーカのカタログから求めますが、ベーンポンプの回転数 1800 min^{-1} における任意の圧力 X に対する吐出し量および軸入力は次式によって

$$Q_{X\text{-}1800} = Q_{A\text{-}1800} - (Q_{A\text{-}1800} - Q_{B\text{-}1800})\frac{X-A}{B-A} \qquad \cdots (4\cdot 4)$$

$$W_{X\text{-}1800} = W_{A\text{-}1800} + (W_{B\text{-}1800} - W_{A\text{-}1800})\frac{X-A}{B-A} \qquad \cdots (4\cdot 5)$$

圧力は、$A < X < B$ となるように A と B を選びます。

また誘導電動機は軽負荷で使用すると効率が低くなります。75 〜 100 ％負荷が最良効率となり、短時間であれば過負荷に耐えられる（かご形で停動トルク 175 ％以上）ので、2 乗平均法により電動機を選定するのが経済的です。

$$2\text{乗平均軸入力 } W_m = \sqrt{\frac{t_1 W_1^2 + t_2 W_2^2 + \cdots + t_n W_n^2}{T}} \quad \text{〔kW〕}$$

$$\cdots (4\cdot 6)$$

ここで、t_n：各動作の時間〔s〕
W_n：各動作のポンプ軸入力〔kW〕
T：1 サイクルの所要時間〔s〕

計算結果を**表 4-5** に示します。

4-2 ■ 油圧回路の設計　実施例1（600t SMCプレス）

表4-5　2乗平均ポンプ軸入力と平均流量

		原位置上昇	低速下降	高速下降	与圧	加圧	圧力制御1	圧力制御2	離型	低速上昇	高速上昇	低速上昇
作動時間：t〔s〕		1	2	2	1	2	20	10	8	5	3	1
経過時間〔s〕		1	3	5	6	8	28	38	46	51	54	55
1サイクル時間：T〔s〕		55										
所要流量：Q〔L/min〕		58	74	566	572	190	96	20	8	58	588	58
所要圧力：P〔MPa〕		9.8	2	2	5.2	18.5	18.5	18.5	20	9.8	9.8	9.8
圧力損失：ΔP〔MPa〕		1	1	2	1	1	1	1	1	1	2	1
ポンプ吐出し圧力：P〔MPa〕		10.8	3	4	6.2	19.5	19.5	19.5	21	10.8	11.8	10.8
ポンプ流量	P_1ポンプ：Q_1〔L/min〕	58	74	46	52	190	115	45	8	58	68	58
	P_2ポンプ：Q_2〔L/min〕			320	320						320	
	P_3ポンプ：Q_3〔L/min〕			200	200						200	
ポンプ軸入力	P_1ポンプ：W_1〔kW〕	11.6	5.3	4.4	6	68.6	41.5	16.3	3.1	11.6	14.9	11.6
	P_2ポンプ：W_2〔kW〕	5.9	5.9	25.1	38.9	5.9	5.9	5.9	5.9	5.9	74	5.9
	P_3ポンプ：W_3〔kW〕	3.9	3.9	15.7	24.3	3.9	3.9	3.9	3.9	3.9	46.3	3.9
ポンプの合計軸入力 $W = W_1 + W_2 + W_3$		21.4	15.1	45.2	69.2	78.4	51.3	26.1	12.9	21.4	135.2	21.4
$t \cdot W^2$〔s・kW²〕		458	456	4086	4789	12293	52634	6812	1331	2290	54837	458
$\Sigma(t \cdot W^2)$〔s・kW²〕		140444										
2乗平均軸入力 $W_m = \sqrt{\dfrac{\Sigma(t \cdot W^2)}{T}}$〔kW〕		51										
$t \cdot Q$〔s・L/min〕		58	148	1132	572	380	1920	200	64	290	1764	58
$\Sigma(t \cdot Q)$〔s・L/min〕		6586										
平均流量 $Q_m = \Sigma(t \cdot Q)/T$〔L/min〕		120										

2乗平均軸入力51 kW、最大軸入力135.2 kWより、電動機は90 kW 4P両軸モータに決定します。

ただし、最大軸入力は電動機定格の$\frac{135.2}{90} \times 100 = 150\%$負荷です。

油圧システムを検討するには、常に1サイクルの平均流量、最大所要流量を把握しておきます。

なお、平均流量Q_mは次式で求めます。

$$Q_m = \frac{t_1 Q_1 + t_2 Q_2 + \cdots + t_n Q_n}{T} \ [\text{L/min}]$$

ここで、Q_n：各動作の所要流量〔L/min〕

本機の場合、平均流量は120 L/min、最大所要流量は588 L/minでアキュムレータの使用も考えられますが、ここでは前項で述べた作動油の粘度と清浄度を維持するために、ベーンポンプの吐出し油を循環させるオフラインシステムとし、アキュムレータは使用しないことにします。

▶ 4-2-5 検討⑤ 油圧装置の発熱量とクーラ容量

次に油圧装置の発熱量を計算し、クーラの容量を決めます。

発熱量は、2乗平均ポンプ軸入力W_mからプレス平均動力W_0を引いた動力がすべて発熱エネルギーに変換されると仮定して求めます。

なお、1サイクルのプレス平均動力は次式で求めています（表1-9、p.22 参照）。

$$W_0 = (F_1 V_1 t_1 + F_2 V_2 t_2 + \cdots + F_n V_n t_n)/T \times 10^{-3} \ [\text{kW}]$$

ここに、F_n：各動作の力の大きさ〔N〕　t_n：各動作時間〔s〕
　　　　V_n：各動作の速度〔m/s〕　T：1サイクル時間〔s〕

この計算結果を**表4-6**に示します。

発熱量Q：$Q = (W_m - W_0) \, 860 = (51 - 22) \times 860$
$= 25000 \ \text{kcal/hr}$

とします。

次にクーラの容量を検討します。クーラの交換熱量は循環する作動油の流量とも関係するので、クーラ内を循環する作動油の平

4-2 ■油圧回路の設計　実施例1（600 t SMCプレス）

表4-6　1サイクルのプレス平均動力

	原位置上昇	低速下降	高速下降	与圧	加圧	圧力制御1	圧力制御2	離型	低速上昇	高速上昇	低速上昇
作動時間：t〔s〕	1	2	2	1	2	20	10	8	5	3	1
経過時間〔s〕	1	3	5	6	8	28	38	46	51	54	55
1サイクル時間：T〔s〕	55										
推力：F〔ton〕	24.5	2.45	2.45	170	600	600	600	50	24.5	24.5	24.5
速度：V〔m/s〕	0.04	0.08	0.6	0.03	0.01	0.005	0.001	0.005	0.04	0.4	0.04
動力：W_0〔kW〕	**9.6**	**1.9**	**14.4**	**50**	**58.9**	**29.4**	**5.9**	**2.5**	**9.6**	**96.1**	**9.6**
$t \cdot W_0$〔s・kW〕	9.6	3.8	28.8	50	117.8	588	59	20	48	288.3	9.6
$\Sigma(t \cdot W_0)$〔s・kW〕	1222.9										
平均動力 $W_0 = \Sigma(t \cdot W_0)/T$〔kW〕	**22**										

注）動力 W_0〔kW〕= $F \times 10^3 \times 9.81$〔N〕$\times V$〔m/s〕$\times 10^{-3}$

均流量と最大流量を求めておきます。

$$平均流量\ Q_m = Q_{un}\frac{t}{T} = 553 \times \frac{49}{55} = 490\ \text{L/min}$$

ここに、Q_{un}：ポンプアンロード時の吐出し流量〔L/min〕

　　　　t　：1サイクル中のポンプアンロード時間〔s〕

　　　　T　：1サイクル時間〔s〕

クーラの交換熱量は一般に次式で表します。

$$Q = K \cdot A \cdot \Delta t_m \cdot \eta = (T_1 - T_2)\,C_t W_t = (t_2 - t_1)\,C_s W_s$$
$$\cdots (4 \cdot 7)$$

$$W_t = Q_t \gamma_t \times 10^{-3} \times 60\ \text{kg/hr} \qquad \cdots (4 \cdot 8)$$

$$W_s = Q_s \gamma_s \times 10^{-3} \times 60\ \text{kg/hr} \qquad \cdots (4 \cdot 9)$$

ここで、Q　：交換熱量 = 25000〔kcal/hr〕

　　　　K　：クーラの熱伝達係数 = 300〔kcal/m²・hr・℃〕

　　　　A　：クーラの伝熱面積〔m²〕

　　　　Δt_m：平均温度差〔℃〕

💡 **熱量単位**

熱量のSI単位は〔J〕（ジュール）ですが、ここでは、日常よく使われている〔kcal〕を用いています。

1 kcal = 4186 J

$$\frac{T_1 - t_2}{T_2 - t_1} \leqq 2 \text{ のとき} \quad \Delta t_m = \frac{(T_1 - t_2) + (T_2 - t_1)}{2}$$

$$\cdots (4 \cdot 10)$$

$$\frac{T_1 - t_2}{T_2 - t_1} \geqq 2 \text{ のとき} \quad \Delta t_m = \frac{(T_1 - t_2) - (T_2 - t_1)}{2.3 \log_{10} \frac{(T_1 - t_2)}{(T_2 - t_1)}}$$

ここに、η ：平均温度差補正係数 = 0.95

T_1：油のクーラ入口温度〔℃〕

T_2：油のクーラ出口温度 = 45〔℃〕

C_t：油の比熱 = 0.45〔kcal/kg・℃〕

C_s：水の比熱 = 1〔kcal/kg・℃〕

W_t：油の流量〔kg/hr〕

W_s：水の流量〔kg/hr〕

t_1：水のクーラ入口温度 = 30〔℃〕

t_2：水のクーラ出口温度〔℃〕

Q_t：油の流量 = 490〔L/min〕

Q_s：水の流量 = 150〔L/min〕

γ_t：油の密度 = 860〔kg/m³〕

γ_s：水の密度 = 1000〔kg/m³〕

式（4・7）〜式（4・10）より

$W_t = Q_t \gamma_t \times 10^{-3} \times 60 = 490 \times 860 \times 10^{-3} \times 60$
$= 25200 \text{ kg/hr}$

$T_1 = \dfrac{Q}{C_t W_t} + T_2 = \dfrac{25000}{0.45 \times 25200} + 45 = 47.2 \,℃$

$W_s = Q_s \gamma_s \times 10^{-3} \times 60 = 150 \times 1000 \times 10^{-3} \times 60$
$= 9000 \text{ kg/hr}$

$t_2 = \dfrac{Q}{C_s W_s} + t_1 = \dfrac{25000}{1 \times 9000} + 30 = 32.8 \,℃$

$\dfrac{T_1 - t_2}{T_2 - t_1} = \dfrac{47.2 - 32.8}{45 - 30} = 0.96$ より

平均温度差は

$$\Delta t_m = \frac{(T_1 - t_2) + (T_2 - t_1)}{2} = \frac{(47.2 - 32.8) + (45 - 30)}{2}$$

$$= 14.7$$

以上より、水冷クーラの所要伝熱面積 A は

$$A = \frac{Q}{K \cdot \Delta t_m \cdot \eta} = \frac{25000}{300 \times 14.7 \times 0.95} = 6.0 \text{ m}^2$$

が求まり、クーラの選定にあたっては少し余裕を考慮します。また、熱伝達係数はクーラの形式によって異なるので、メーカカタログで確認することが必要です。

▶ 4-2-6　検討⑥　フィルタ選定

石油系作動油にて可変ピストンポンプを 21 MPa で運転する油圧システムでは、作動油の清浄度レベルは JIS B 9933 の清浄度の分類による 19/17/14（NAS 1638 の 9 級相当）以上に管理するのが望ましく、フィルタは $\beta_8 \geq 200$ クラスのろ過精度のものに決定します。

なおこの β 値は JIS B 8356-8 で規定されたもので

$$\beta_X = \frac{\text{フィルタ入口側で計測された } X_{\mu m} \text{ 以上の粒子の個数}}{\text{フィルタ出口側で計測された } X_{\mu m} \text{ 以上の粒子の個数}}$$

を表しており、$\beta_8 \geq 200$ クラスは $8\,\mu m$ 以上の粒子を 99.5 %除去することを意味しています。

また、フィルタの設置場所は水冷クーラの OUT 側ではなく、IN 側が一般的ですが、これは次の理由によるものです。

水冷クーラで使用している銅パイプは、作動油の酸化劣化作用の触媒として働き、周囲に金属粉があるとそれ以上に促進されます。したがって、水冷クーラの手前にフィルタを設け、摩耗粉等を除去した作動油をクーラに流すためです。

▶ 4-2-7　検討⑦　油圧回路図の作成

機器選定が終了したら、油圧回路図（図 4-3）を作成します。回路図は JIS B 0125-1 および-2「油圧・空気圧システム及び機器-図記号及び回路図-第 1 部：図記号」と「同-第 2 部回路

図」にしたがって書きます。

なお、本回路図は紙面のスペースの関係で、油圧機器のポート符号や使用する配管、その他、油圧タンクの油量管理や油温管理等の情報は記載していません。

▶ 4-2-8　検討⑧　各動作の切換過渡時のチェック

油圧回路図を作成したら、各動作の切換過渡時について、支障がないかどうかを検討します。

● **原位置上昇→下降動作（図4-4）**

縦形シリンダの場合は、バルブの切換過渡時にシリンダが落下することによるショックの発生が考えられるので注意します。

カートリッジ弁は開弁動作が早く、閉弁動作が遅い特性を有しているので、solA3a から solA3b に切り換える場合、サイドシリンダのロッド側の圧油は部番㉒→部番⑳のスプールへ回り込み、シリンダが落下する恐れがあります。

これを防ぐために、部番㉒のカートリッジ弁はシャトル弁付きカバーを用い、流れの2次側の圧力をセンシングさせることによって、チェック弁機能をもたせています。このことによって、落下を防いでいます。

また、部番㉒のカートリッジ弁は2次側のライン圧力をセンシングしているので、上昇動作においてシリンダへの供給流量をゼロにすると、このバルブは電磁弁でのパイロット圧力の印加に関わらず、自動的に閉じるため、ショックのない油圧回路が構成できます。

● **高速下降（図4-5）**

高速下降動作は2本のサイドシリンダの戻り油を供給側に戻すことによって差動回路を構成しています。またメインのラムシリンダはプレフィル弁を通してタンクから油を自吸しています。この時、可動盤が暴走しないように部番㉖のカートリッジ弁でカウンタ圧力を発生させています。

なお、部番㉗のチェック弁は部番㉖の圧力調整部のドレンポートに圧力を印加するので、このバルブを保護するためのもの

4-2 ■ 油圧回路の設計　実施例1（600tSMCプレス）

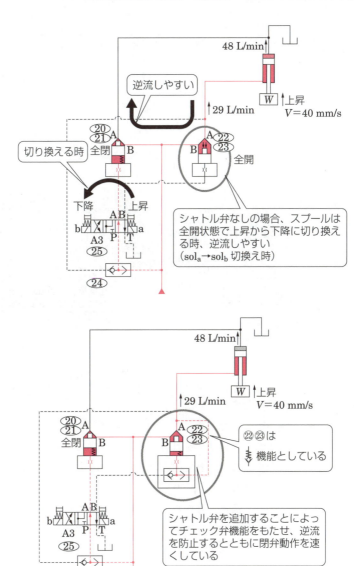

図4-4　原位置上昇→下降動作

4章 ■ 油圧回路の設計

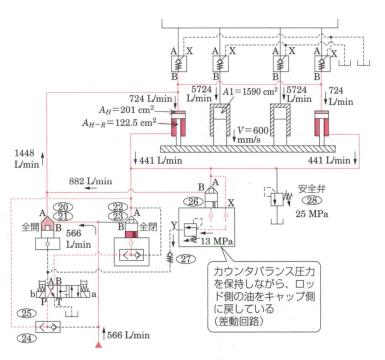

図 4-5 高速下降

です。

また、高速下降ではプレフィル弁の使い方で注意する点が 1 つあります。それはプレフィル弁のパイロットポートに圧力を印加しないことですが、その理由は次の通りです（油圧編　図 2 - 19、図 2 - 20、p.39 参照）。

高速下降のあと、予圧工程に移行するには、プレフィル弁を閉じますが、このプレフィル弁の閉弁応答を速くするためです。

高速下降でパイロット圧力を印加しておくと、パイロットピストンは押し出されており、次工程の予圧工程の時にこのピストンを戻す必要があり、閉弁時間が長くなってしまいます。

パイロット圧力を印加しない高速下降動作は、パイロットピストンは後退限位置のままで、メインバルブは負圧によって開きます。したがって、予圧工程時は、このメインバルブが戻るだけでよいので閉弁時間が短くなります。

4-2 ■ 油圧回路の設計　実施例1（600 t SMC プレス）

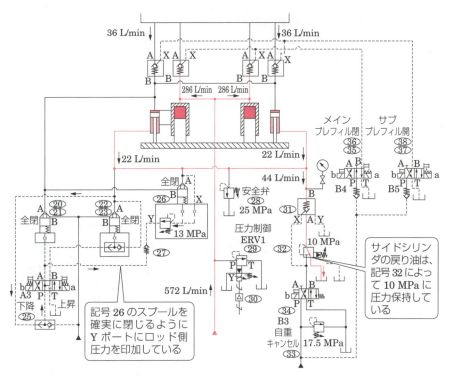

図4-6　予　圧

❶ 自重キャンセル回路

自重キャンセルとは可動盤の自重による力をキャンセルし、樹脂材料が受けるプレス力を見掛け上ゼロから制御できるように、サイドシリンダにキャンセル力を発生させる制御をいいます。
P_4 ポンプは自重キャンセル制御およびプレフィル弁を開閉するパイロットラインの油圧源です。

● 予圧（図4-6）

　予圧から加圧制御の時は、可動盤の自重をキャンセルできるようにサイドシリンダのロッド側の背圧制御を行います。

　ラムシリンダでの予圧では、可動盤と同時にサイドシリンダのロッドも引っ張られるため、サイドシリンダのロッド側はブーストされる恐れがあります。これを防止するために、部番㉜はリリーフ付減圧弁としています。この他にも、サイドシリンダのロッド側の増圧防止の安全弁として部番㉘のリリーフ弁を設けています。

　また、自重キャンセル動作においては部番㉖のカウンタバランス弁のスプールを確実に閉じるように、このバルブのドレンポート（Yポート）にロッド側の圧力を印加させています。

● 加圧制御（図4-7）

負荷ボリュームが非常に大きい場合のリリーフ弁による圧力制御について説明します。

シリンダと配管内との合算容積が200L程度を超えてくると、電磁式比例制御リリーフ弁によって圧力を高圧から低圧に下げるときは、流体力によって圧力アンダシュート現象が発生しやすくなるので注意が必要です。

これは1つのバルブで高圧から低圧まで制御するには、リリーフ弁のメインスプリングのばね力を強くすることができず限界があるためです。

一般的には、比例弁コントローラの制御信号をステップ信号からLAMP信号あるいはDELAY信号にして改善を図ります。

低圧域への降圧制御において、高応答が必要な場合にはサーボ弁等の検討が必要になります。

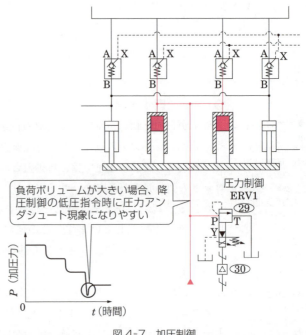

図4-7 加圧制御

4-2 ■油圧回路の設計 実施例1（600tSMCプレス）

● **圧抜き**（図4-3）

　離型動作の前に圧抜き動作を設けます。これはラムシリンダの加圧力を一気に抜くと、プレス機械本体の歪みが瞬時に戻り（この現象を一般にスプリングバックと呼んでいます）衝撃が発生するので、これを防ぐための動作です。

　本機では、圧力制御用の部番㉙の電磁式比例リリーフ弁によって緩やかに圧力を抜いています。

　なお、圧抜き中も可動盤の自重キャンセル回路は生かしています。

● **離型→上昇動作**（図4-3）

　この動作中の注意点は、ポンプからの供給油が部番㉖のカウンタバランス弁からタンクへ漏れないようにすることです。可動盤の摩擦力が上昇と下降で逆に作用し、カウンタバランス弁の設定圧力の大きさによっては圧力オーバライド特性により漏れることがあり得ます。

　ここでは、部番㉔のシャトル弁を用いて、ポンプからの供給圧力をカウンタバランス弁のYポートに印加することによって、カウンタバランス弁の設定圧力の大きさに関係なく、確実に油路を遮断しています。

● **中立時**（図4-8）

　バルブが中立位置の状態において、ポンプをローディングしてもシリンダは油圧機器からのリークの影響を受けずに動かないことが必要です。

　ポンプ側からシリンダ側へ圧油がリークしないこと。このためには、カートリッジ弁の接続方向に注意する必要があります。ポンプ側をカートリッジ弁のBポート、シリンダ側をカートリッジ弁のAポートに接続します。カートリッジ弁のスプールはポペット弁構造のために、こうすることによってシリンダ側へのリークをなくすことができます。一方、図4-8の右側の回路図のように、カートリッジ弁のA、Bポートを逆に接続すると、スプールとスリーブの間のすき間からポンプ吐出しの圧油がシリンダ側に漏れてしまいます。

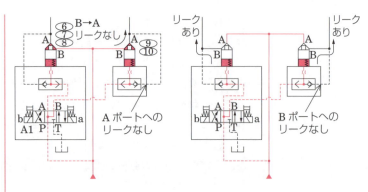

図4-8　中立時のカートリッジ弁の漏れ防止

なお、一般にプレスは縦形のために可動盤が下がらないことが規定されていますが、本機はメカ的なストッパ機構を設けて可動盤の位置保持をしており、シリンダからポンプ側への油圧機器のリークは許容しています。

▶ 4-2-9　機械安全

現在は、機械安全のリスクアセスメントを設計段階から実施しなければなりません。油圧システムに関しては、「JIS B 8361 油圧-システム及びその機器の一般規則及び安全要求事項」で規定されており、予見可能な誤使用によって危険を生じさせてはならず、特定されたリスクは設計によって除去し、これが実行不可能な場合には、そのリスクに対する安全防護または使用者に警告しなければなりません。

ここでは、具体的に下記の内容を実施しています。

● **停電対策**

電源が遮断された場合は直ちにシリンダを停止させ、中立状態を保つように油圧回路を考慮しています。なお、加圧中の停電については、ただちに加圧力を最小にします。

① 高速下降動作からシリンダを緊急停止させる場合

切換え弁が瞬時に中立位置へ変わり、電動機は惰性で多少回転し続けようとします。

4-2 油圧回路の設計 実施例1（600tSMCプレス）

シリンダ側とポンプ吐出し側のすべてに安全弁を設けて、異常高圧の発生を防いでいます。

部番⑤、⑫、⑭、㉝がポンプ側の安全弁で、部番㉘、㉙がシリンダ側の安全弁になります。

② 高速上昇動作からシリンダを緊急停止させる場合

プレフィル弁は開放のままの方が安全です。したがって、プレフィル弁の開閉用電磁弁はデテント形とし、停電時もその状態を保持するようにしています。

● 誤動作対策

可変ピストンポンプの傾転角度センサー（LVDT等）は、ノイズの影響を受けると速度制御が不能に陥る可能性があるため、信号線の施工はノイズの影響を受けないように警告しています。

▶ 4-2-10　作動シーケンス図の作成

油圧回路図の見直しとともに作動シーケンス図を作成します。

この作動シーケンス図は、油圧機器を制御するタイミング、圧抜き動作のタイミングや圧抜き時間、その他油圧機器にLAMP信号やDELAY信号を入力する等、油圧回路図では表せない事項を補足するものです。

600tSMCプレスの場合の作動シーケンス図を図4-9に示します。

---

❷ デテント形
　方向切換弁のスプールの切換位置を保持する機構（図2-22）。制御電源をOFFにしても、その位置を保持します。

4章 油圧回路の設計

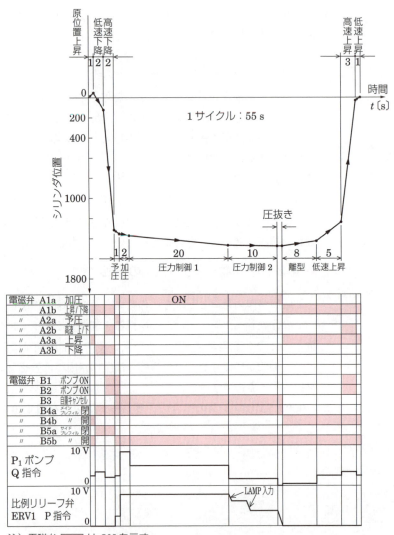

図4-9 作動シーケンス図

4-3 油圧回路の設計　実施例2
（閉ループ制御の油圧圧下装置）

油圧圧下装置は自動車用鋼板等の仕上げ圧延ラインに用いられるもので、油圧閉ループ制御の代表的なものです。この熱間圧延機の油圧圧下装置を例に、油圧閉ループ制御システムの油圧回路の設計手法について説明します。

油圧圧下装置の仕様は図4-10の通りとします。なお、圧延機

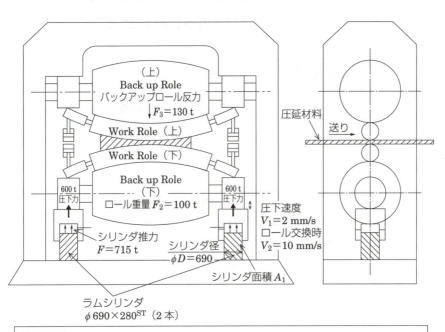

条　件
- 圧下力：$F_1 = 1200\ t$
- ロール重量：$F_2 = 100\ t$
- バックアップロール反力：$F_3 = 130\ t$
- 油圧圧下シリンダ所要推力：$F = F_1 + F_2 + F_3 = 1430\ t$
- 油圧圧下シリンダ速度：圧下制御時 $V_1 = 2\ mm/s$
  ロール交換時 $V_2 = 10\ mm/s$（上昇、下降とも）
  （ただし、下降は自重降下とする。ストロークは $S_t = 280\ mm$）
- 油圧圧下制御は、油圧サーボ弁による位置および圧力の閉ループ制御とする。
- 位置精度：±5μm以内

図4-10　油圧圧下装置の仕様

はロールの熱勾配が変化することによってひずみが生じるために、この影響を取り除くロールベンディング制御が行われますが、ここでは割愛します。

油圧回路設計の流れを**図4-11**に示し、また、油圧閉ループ制御の設計手順を**図4-12**に示し、その結果作成した油圧回路図を**図4-13**に示します。サーボ弁による閉ループ制御において、省エネルギー回路となるアキュムレータを動力補償として用いる方式とします。

▶ 4-3-1 検討① シリンダの所要圧力と所要流量

最初に油圧圧下制御のシリンダ所要圧力（P_1）と所要流量（Q_1）を求めます（図4-10参照）。

$$\text{ラムシリンダ面積}：A_1 = \frac{\pi}{4} D^2 \times 10^{-2} = \frac{\pi}{4} \times 690^2 \times 10^{-2}$$

$$= 3739 \text{ cm}^2$$

$$\text{所要圧力}：P_1 = \frac{F}{A_1 \times n} = \frac{1430 \times 10^3}{3739 \times 2} = 191 \text{ kgf/cm}^2$$

$$= 18.8 \text{ MPa}$$

$$\text{所要流量}：Q_1 = A_1 V_1 \times 60 \times 10^{-4} = 3739 \times 2 \times 60 \times 10^{-4}$$

$$= 45 \text{ L/min}$$

ここで、F：シリンダ推力〔t〕
　　　　n：シリンダ本数
　　　　V_1：油圧圧下速度〔mm/s〕

次にロール交換時の所要圧力（P_2）と所要流量（Q_2）を求めます。

$$\text{自重発生圧力}：P_2 = \frac{F_2}{A_1 \times n} = \frac{100 \times 10^3}{3739 \times 2} = 13.4 \text{ kgf/cm}^2$$

$$= 1.3 \text{ MPa}$$

$$\text{所要流量}：Q_2 = A_1 V_2 \times 60 \times 10^{-4} = 3739 \times 10 \times 60 \times 10^{-4}$$

$$= 224 \text{ L/min}$$

ここで、F_2：ロール重量〔t〕
　　　　V_2：ロール交換速度〔mm/s〕

4-3 ■ 油圧回路の設計　実施例2（閉ループ制御の油圧圧下装置）

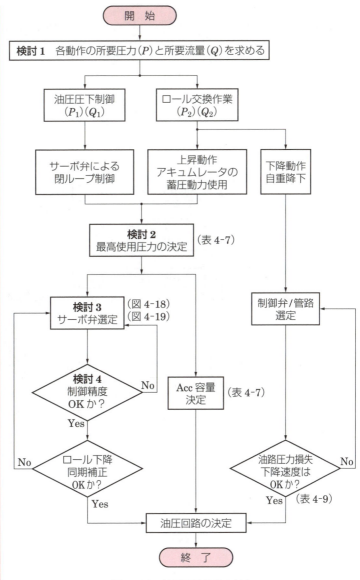

図4-11　油圧回路設計の流れ

4章■油圧回路の設計

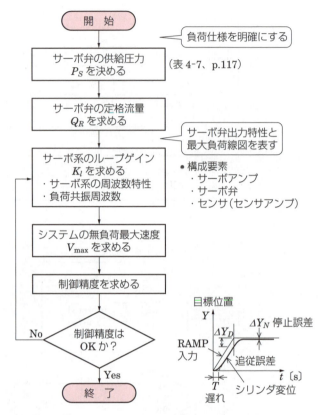

図4-12　油圧閉ループ制御の設計手順

　以上より、油圧圧下時の所要圧力18.8 MPa、所要流量45 L/minに対して、ロール交換時のそれは1.3 MPa、224 L/minと流量は5倍ですが、所要圧力は非常に低いことがわかります。

▶ **4-3-2　検討②　最高作動圧力の決定**

　油圧ポンプは、油圧圧下制御をまかなえる吐出し量50 L/minの定容量形ピストンポンプを3台とし、うち1台は予備とします。最高使用圧力はアキュムレータ（以下Accという）の選定と関連させて決めることとします。
　最初にAccの容量選定に必要となる最低作動圧力および放出

4-3 油圧回路の設計 実施例2（閉ループ制御の油圧圧下装置）

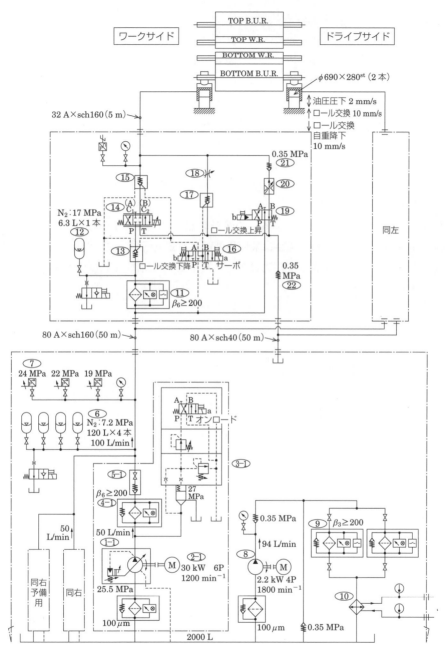

図4-13 油圧圧下装置 油圧回路図

量を求めます。

Accの最低作動圧力は、ロール交換における上昇動作時の所要圧力から求めます（**図 4-14** 参照）。

- 自重発生圧力：$P_2 = 1.3$ MPa
- 油圧機器の圧力損失：$\Delta P_1 = 4$ MPa と仮定
  （流量調整弁の圧力補償の弁差圧　$\Delta P = 1.5$ MPa を含む）
- ブロック内油路の圧力損失：$\Delta P_2 = 1$ MPa と仮定
- 外部配管内の圧力損失：$\Delta P_3 = 0.5$ MPa　と仮定すると、

ロール交換の上昇所要圧力は $P_2 + \Delta P_1 + \Delta P_2 + \Delta P_3 = 6.8$ MPa です。

これより、Acc の最低作動圧力は 6.8 MPa が求まりますが、Acc の大きさは最低作動圧力と充填圧力に直接関係するので、この最低作動圧力は少し余裕を見て 8 MPa とします。

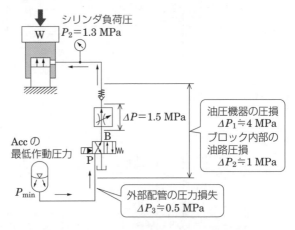

図 4-14　Accの最低作動圧力の求め方

次に Acc の所要吐出し量を求めます（**図 4-15** 参照）。ラムシリンダ 2 本の容積（ΔV_1）からポンプ吐出し量（ΔV_2）を差し引いて求めます。

$$\Delta V_1 = A_1 S_t \times n \times 10^{-3} = 3739 \times 28 \times 2 \times 10^{-3} = 209.4 \text{ L}$$

ここで、S_t：シリンダストローク〔cm〕
　　　　n：シリンダ本数

4-3 ■ 油圧回路の設計　実施例2（閉ループ制御の油圧圧下装置）

$$\text{シリンダ上昇時間}: t = \frac{S_t}{V_2} = \frac{28 \times 10}{10} = 28 \text{ s}$$

ここに、V_2：ロール上昇速度〔mm/s〕

$$\text{ポンプ2台分の吐出し量}: \Delta V_2 = Q_p \times 2 \times \frac{t}{60} = 50 \times 2 \times \frac{28}{60}$$

$$= 46.6 \text{ L}$$

したがって、Acc の所要吐出し量は

$$V_W = \Delta V_1 - \Delta V_2 = 209.4 - 46.6 = 162.8 \text{ L}$$

となります。

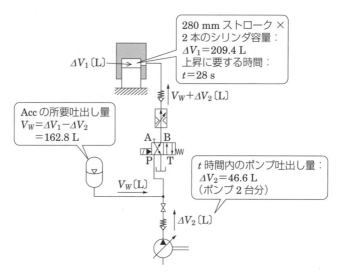

図 4-15　Acc の所要吐出し量の求め方

ここから Acc の容量選定を行います（**図 4-16**、p.116 参照）。

エネルギーの蓄積として用いる場合の Acc の容積は一般に次の数式を用います。

$$V_{ACC} = \frac{V_W}{e\eta F} \qquad \cdots (4 \cdot 11)$$

ここで、V_{ACC}　　　：Acc の容積〔L〕

　　　　V_W　　　　：Acc の吐出し油量〔L〕

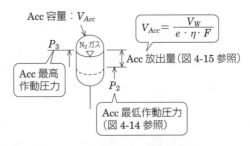

図 4-16　Acc の容量選定

$e = \dfrac{P_1}{P_2}$　　：ガス封入圧力比

η　　　　：Acc 効率

$F = \dfrac{a^{\frac{1}{n}} - 1}{a^{\frac{1}{m}}}$　：吐出係数

$a = \dfrac{P_3}{P_2}$　　：作動圧力比

P_1　　　　：ガス封入圧力〔MPa〕
P_2　　　　：最低作動圧力〔MPa〕
P_3　　　　：最高作動圧力〔MPa〕
m　　　　：蓄積時のポリトロープ指数
n　　　　：吐出時のポリトロープ指数

なお、ポリトロープ指数は一般に下記の実験結果に基づく計算式を用いています。

$$m = 0.00938 P_a \left(2.5 + \sqrt{3.7 - \log_{10} T_m}\right) + 1.34$$
$$- 0.2 \log_{10} T_m + \dfrac{18 \sqrt{0.45 + \log_{10} T_m}}{10.1972 P_a + 95}$$

$$n = 0.00938 P_a \left(2.5 + \sqrt{3.7 - \log_{10} T_n}\right) + 1.34$$
$$- 0.2 \log_{10} T_n + \dfrac{18 \sqrt{0.45 + \log_{10} T_n}}{10.1972 P_a + 95}$$

4-3 ■油圧回路の設計　実施例2（閉ループ制御の油圧圧下装置）

表 4-7　Acc 容量計算および最高作動圧力の決定

V_{Acc}	Acc 容量： $V_{Acc} = V_W/(e \times \eta \times F)$〔L〕	493.3	476	461	**449.1**	436.7	427.9	419.4
V_W	Acc 放出量〔L〕	162.8						
P_1	ガス封入圧力〔MPa〕	7.2	同左					
P_2	最低作動圧力〔MPa〕	8						
P_3	最高作動圧力：$P_3 = P_{on}$〔MPa〕	19	20	21	**22**	23	24	25
T_m	蓄積時間〔s〕 注）8秒未満は8秒とする。	8	同左					
T_n	吐出し時間〔s〕 注）8秒未満は8秒とする。	8						
P_a	平均作動圧力：$(P_3 + P_2)/2$〔MPa〕	13.5	14	14.5	15	15.5	16	16.5
m	蓄積時のポリトロープ指数	1.778	1.795	1.813	1.831	1.849	1.867	1.885
n	放出時のポリトロープ指数 注）$n < m$ の場合は、$n = m$ とする。	1.778	1.795	1.813	1.831	1.849	1.867	1.885
e	ガス封入圧力比：$e = P_1/P_2$	0.9	同左					
a	作動圧力比： $a = P_3/P_2 = P_{on}/P_2$	2.38	2.5	2.63	2.75	2.88	3	3.13
η	Acc 効率	0.95	同左					
F	吐出し係数 $F = (a^{1/n} - 1)/a^{1/m}$	0.386	0.4	0.413	0.424	0.436	0.445	0.454
b	圧縮比率 $b = P_3/P_1 = P_{un}/P_1$	2.9	3.1	3.2	**3.3**	3.5	3.6	3.8
	リリーフ弁のアンロード圧力： P_{un}〔MPa〕	21	22	23	**24**	25	26	27
	リリーフ弁のオンロード圧力： P_{on}〔MPa〕	19	20	21	**22**	23	24	25
	ポンプ圧力補償弁の設定圧力： P_{set}〔MPa〕	22.5	23.5	24.5	25.5	26.5	27.5	28.5
	ポンプ吐出流量：Q〔L/min〕	50	50	50	50	50	50	50
	ポンプ軸入力： $W = P_{set} \cdot Q/(60 \cdot \eta)$〔kW〕	20.8	21.8	22.7	**23.6**	24.5	25.5	26.4
	判定	×	×	△	○	△	×	×
	Acc 判定理由	サーボ弁差圧が小					ブラダ寿命	

注1）Acc の最高作動圧力は $P_3 = P_{on}$（Acc 充填圧力の下限圧力）とする。
　2）圧縮比率 $b = (P_3/P_1)$ は、$P_3 = P_{un}$ とし、縦置きで4以下とする（ブラダの寿命考慮）。

$$P_a = \frac{P_3 + P_2}{2} : 平均作動圧力$$

ここで、T_m：蓄積時間〔s〕

T_n：吐出し時間〔s〕

Acc の容量を求める計算結果を**表 4-7** に示します。

この表では Acc の最高圧力を 19 MPa から 25 MPa まで 1 MPa とびに計算しています。この理由は、油圧圧下制御に必要な圧力が 18.8 MPa なので、19 MPa からとしているためです。また、ブラダ式 Acc の場合はブラダの寿命を考慮し、圧縮比率（P_3 と P_1 の比）は 4 以下に制限されるため上限は 25 MPa としています。

ここで注意するのは、最高作動圧力の取り方です（**図 4-17** 参照）。

圧縮比率を求める時は、Acc の充填が上限となるリリーフ弁のアンロード圧力の 24 MPa を用います。Acc の容量を求める時の最高作動圧力は、充填圧力の下限となるリリーフ弁のオンロード圧力の 22 MPa を用います。

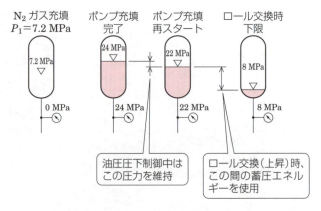

図 4-17　Acc の最高作動圧力の取り方

表 4-7 から Acc の最高作動圧力 P_3 を次のようにして決めます。ブラダの寿命は P_3 が低いほど長くなり、サーボ弁の弁サイズは P_3 が高いほど小さくて済みます。このことから、Acc の最

高作動圧力 P_3 を 22 MPa に決定します。Acc 容量は 449.1 L と求まり、120 L の Acc を 4 本用いることに決定します。

また、油圧ポンプは、Acc の充填圧力が 22 MPa に低下したらオンロード運転し、24 MPa まで上昇したらアンロード運転に切り換え、省エネルギー化を図ります。

なお、ポンプの寿命を優先して回転数は 1200 min^{-1} とし、電動機は 30 kW、6P に決定します（式（4・3）、p.94 参照））。

▶ 4-3-3　検討③　サーボ弁の選定

ラムシリンダの押し動作（**図 4-18**）に必要なサーボ弁容量を求めます。

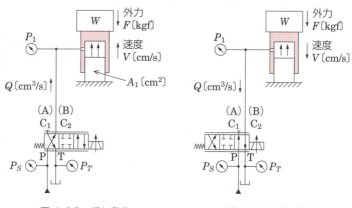

図 4-18　押し動作　　　　図 4-19　引き動作

図 4-18 のシリンダの速度と力の関係から次の 2 つの式を導出します。ただし、サーボ弁定格流量 Q_R は弁差圧片パスで 35 kgf/cm² とします。

$$A_1 V = Q_R \sqrt{\frac{P_S - P_1}{35}} \quad \cdots (A)$$

$$A_1 P_1 = F \quad \cdots (B)$$

式（A）より

$$35 \left(\frac{A_1 V}{Q_R}\right)^2 = P_S - P_1 \quad \therefore P_1 = P_S - 35 \left(\frac{A_1 V}{Q_R}\right)^2 \quad \cdots (C)$$

式 (C) を式 (B) に代入し

$$A_1 \left\{ P_S - 35 \left(\frac{A_1 V}{Q_R} \right)^2 \right\} = F \text{ より}$$

$$A_1 P_S - F = 35 \left(\frac{V}{Q_R} \right)^2 A_1^3$$

となり、次の式 (4・12) と式 (4・13) が得られます。

$$\text{シリンダの速度}: V = Q_R \sqrt{\frac{A_1 P_S - F}{35 A_1^3}} \; [\text{cm/s}] \quad \cdots (4 \cdot 12)$$

$$\text{サーボ弁定格流量}: Q_R = \frac{V}{\sqrt{\dfrac{A_1 P_S - F}{35 A_1^3}}} \; [\text{cm}^3/\text{s}] \quad \cdots (4 \cdot 13)$$

ここで、A_1：ラムシリンダ面積（3739 cm^2）
　　　　P_S：サーボ弁の供給圧力（22 MPa = 224 kgf/cm^2）
　　　　P_1：ラムシリンダ圧力（kgf/cm^2）
　　　　P_T：サーボ弁戻りラインの背圧（5 kgf/cm^2）
　　　　V　：シリンダ速度（0.2 cm/s）
　　　　F　：シリンダに作用する外力（715×10^3 kgf）

式 (4・13) から、押し動作に必要なサーボ弁の定格流量が求まります。

$$Q_R = \frac{V}{\sqrt{\dfrac{A_1 P_S - F}{35 A_1^3}}} = \frac{0.2}{\sqrt{\dfrac{3739 \times 224 - 715 \times 10^3}{35 \times 3739^3}}}$$

$$= 773 \; \text{cm}^3/\text{s}$$

同様に、引き動作（**図 4-19**）の場合は次のようになります。

$$A_1 V = Q_R \sqrt{\frac{P_1 - P_T}{35}} \quad \cdots (\text{D})$$

$$F = A_1 P_1 \quad \cdots (\text{E})$$

式 (D) より

$$35 \left(\frac{A_1 V}{Q_R} \right)^2 = P_1 - P_T \quad \therefore P_1 = P_T + 35 \left(\frac{A_1 V}{Q_R} \right)^2 \quad \cdots (\text{F})$$

4-3 ■油圧回路の設計　実施例2（閉ループ制御の油圧圧下装置）

式（F）を式（E）に代入し

$$F = A_1 \left\{ P_T + 35 \left(\frac{A_1 V}{Q_R} \right)^2 \right\} \text{より}$$

$$35 \left(\frac{V}{Q_R} \right)^2 A_1{}^3 = F - A_1 P_T$$

となり、式（4・14）が得られます。

$$\text{シリンダ速度}：V = Q_R \sqrt{\frac{F - A_1 P_T}{35 A_1{}^3}} \quad \cdots (4 \cdot 14)$$

式（4・14）を変形し、引き動作に必要なサーボ弁の定格流量が求まります。

$$Q_R = \frac{V}{\sqrt{\dfrac{F - A_1 P_T}{35 A_1{}^3}}} = \frac{0.2}{\sqrt{\dfrac{715 \times 10^3 - 3739 \times 5}{35 \times 3739^3}}}$$

$$= 324 \text{ cm}^3/\text{s}$$

以上より、サーボ弁の容量は1ランド当たりの弁圧損が35 kgf/cm² 時に 773 cm³/s = 47 L/min 以上で仕様を満たします。

これよりサーボ弁は次のものを選定します。

定格流量：57 L/min = 950 cm³/s

定格圧力：25 MPa

耐圧：37.5 MPa

定格電流：± 20 mA

スレッショルド：＜ 0.5 %

ヒステリシス：＜ 3.0 %

内部リーク：＜ 2.5 L/min 以下　定格圧力にて

周波数応答：80 Hz at 90° 位相遅れ

スプールラップ量：0 ラップ

選定したサーボ弁の出力特性を図4-20と図4-21に示します。これからサーボ弁の容量は仕様を満たしていることがわかります。

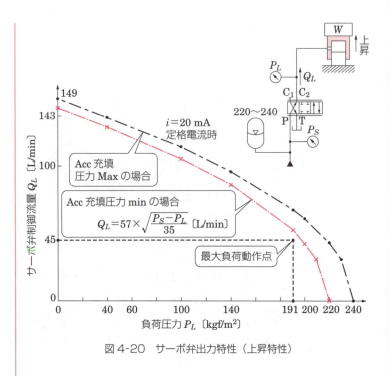

図 4-20　サーボ弁出力特性（上昇特性）

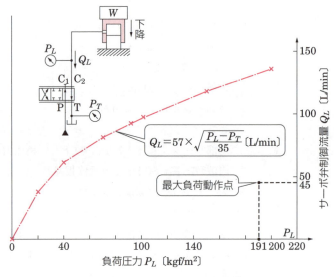

図 4-21　サーボ弁出力特性（下降動作）

4-3-4 検討④ 油圧サーボ系の制御精度の検討

油圧閉ループの制御精度は、サーボ弁の容量とループゲインで決まります。

最初に油圧サーボ系要素の周波数特性を検討します。

・サーボアンプ：f_amp = 約 1 kHz
・サーボ弁：±75％入力電流として f_v = 80 Hz at P_s = 210

　サーボ弁の周波数特性は一般に−90°位相の周波数で評価しますが、−90°位相の周波数は供給圧力によって変わります。

$$f_v = f_{210}\sqrt{\frac{P_s}{210}} = 80 \times \sqrt{\frac{224}{210}} = 82\ \mathrm{Hz}$$

・センサおよびセンサアンプ：f_s = 約 600 Hz
・油圧系の共振周波数：f_h を求めます。

$$f_h = \frac{1}{2\pi}\omega_h = \frac{1}{2\pi}\sqrt{\frac{4K}{VM}} \times A_1\ [\mathrm{Hz}] \quad \cdots(4\cdot15)$$

ここで、ω_h：油圧系の固有角周波数〔rad/s〕
　　　　 K：作動油の体積弾性係数〔MPa〕

なお、作動油自身の体積弾性係数は一般に 1700 MPa ですが、ここではマシンのひずみ等を考慮し 900 MPa とします。

　　　　 V：シリンダとサーボ弁間の作動油容積〔m³〕
　　　　 M：シリンダ負荷の質量〔kg〕
　　　　 A_1：シリンダ面積〔m²〕

式（4・15）から油圧系の共振周波数は

$$f_h = \frac{1}{2\pi}\sqrt{\frac{4\times 900\times 10^6}{0.11\times 11.2\times 10^3}} \times 0.3739 = 102\ \mathrm{Hz}$$

が求まります。

次にループゲインを求めます（図 **4-22** 参照）。

一般にループゲインの目安は、上記4つのサーボ系要素の周波数特性の内、最も遅い周波数の $\frac{1}{5}$ としています。

$$\text{ループゲイン：}K_L = \frac{1}{5}\times 2\pi \times f\ [1/\mathrm{s}] \quad \cdots(4\cdot16)$$

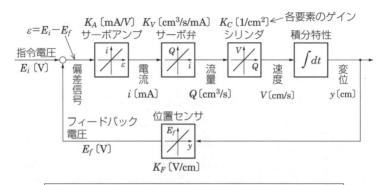

図4-22 ループゲイン

この圧延機の場合はサーボ弁の周波数応答が最も遅く、ループゲインの目安は次のようになります。

$$K_L = \frac{1}{5} \times 2\pi \times f_s = \frac{1}{5} \times 2\pi \times 82 = 103 \ [1/\mathrm{s}]$$

次に無負荷最大速度を求めます。

押し動作の無負荷最大速度 $V_{\max}$ は、式（4・12）より

$$V_{\max} = Q_R \sqrt{\frac{A_1 P_S - F}{35 A_1^3}} = 950 \sqrt{\frac{3739 \times 245 - 0}{35 \times 3739^3}}$$

$$= 0.67 \ \mathrm{cm/s}$$

引き動作の最大速度は式（4・14）より

$$V_{\max} = Q_R \sqrt{\frac{F - A_1 P_T}{35 A_1^3}} = 950 \sqrt{\frac{715 \times 10^3 - 3739 \times 5}{35 \times 3739^3}}$$

$$= 0.59 \ \mathrm{cm/s}$$

これより、無負荷最大速度は押し動作の時の $V_{\max} = 0.67$ cm/s が求まります。

最後に制御精度を求めます。

4-3 ■ 油圧回路の設計　実施例2（閉ループ制御の油圧圧下装置）

$$停止誤差：\Delta Y_n = \frac{V_{\max}}{K_L} \times 外乱 \qquad \cdots (4 \cdot 17)$$

ここに、外乱は一般にサーボ弁のヒステリシスやシリンダの摩擦等であり、0.01～0.03の値をとります。

$$\Delta Y_n = \frac{V_{\max}}{K_L} \times 0.03 = \frac{0.67}{103} \times 0.03 = 0.0002 \text{ cm} = 2\,\mu\text{m}$$

$$= \pm 1\,\mu\text{m}$$

$$追従誤差（ドループ）：\Delta Y_D = \frac{V}{K_L} \qquad \cdots (4 \cdot 18)$$

ここで、V：速度指令〔cm/s〕

$$\Delta Y_D = \frac{V}{K_L} = \frac{0.2}{103} = 0.002 \text{ cm} = 20\,\mu\text{m}$$

これは、油圧圧下制御の仕様を満たしていると考えられ、サーボ弁は選定したものに決定します。

なお、制御精度が仕様を満たさない場合には、ループゲインを上げるように再検討します。

ループゲインを上げるには、一般に次の項目を検討し、改善を図ります。

① 油圧サーボ系の共振周波数を上げる。
・シリンダ面積を大きくする
・配管ボリュームを小さくする
・可動部の質量を減らす
② 周波数応答のもっと早いサーボ弁を選定する。

▶ **4-3-5　サーボ弁のロッキング回路（図4-23参照）**

サーボ弁は一般にゼロラップスプールです。サーボ制御オフの状態では、供給側のポートから制御ポートへの漏れ量が多くアクチュエータが勝手に動いてしまいます。このため機械安全を考慮すると、サーボ制御オフの状態でもアクチュエータの停止を確実にするため一般にサーボ弁の制御ポートにストップ弁機能を設けます。

この油圧圧下の場合には、Accの圧油をTポートに漏らさず、

4章 油圧回路の設計

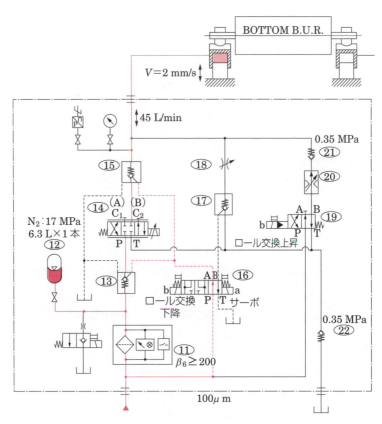

図4-23 油圧圧下制御

またラムシリンダを勝手に動かさない目的で、サーボ弁のPポートとB（C2）ポートにパイロット操作形チェック弁を設けてロッキング回路を構成します。

▶ 4-3-6 油圧圧下制御

サーボ弁による油圧圧下制御について説明します（図4-13および**図4-23**参照）。

油圧サーボ制御の場合は、速度、圧力制御を全てサーボ弁で行うために油圧回路はシンプルです。

4-3 ■油圧回路の設計　実施例2（閉ループ制御の油圧圧下装置）

油圧圧下装置はポンプユニットとサーボ弁ブロックの間は約50 mの距離があり、追従性の改善を図るためにサーボ弁の直近にもAccを設けています。

また、良好なサーボ弁の特性を維持するためには、油中の汚染物質をできる限り抑えることが大切です。

一般に21 MPa以上の圧力の油圧サーボシステムはJIS B 9933の汚染度レベル15/13/10が要求され、この油圧圧下装置では長期にわたり清浄度が維持できるように、次のフィルトレーションシステムとしています。

・ポンプ吐出部：バイパス形6 μm フィルタ
・サーボ弁入口：ノンバイパス形6 μm フィルタ
・オフライン：バイパス形3 μm フィルタ
・油タンクおよび配管材質：SUS材

これは、サーボ弁直近のフィルタの目詰まりの頻度を抑えるために、低圧のオフラインフィルタで微細コンタミまで捕獲するようにしています。

▶ 4-3-7　ロール交換動作

ロール交換は1日に数回行う作業で、上昇、下降ともに速度は一定とし、上昇はアキュムレータをエネルギー蓄積として用い、下降は自重降下とします。

Accを動力源とすると、供給圧力はAccの吐出しとともに下がってきます。したがって上昇動作は、圧力補償機能が付いた流量調整弁によるメータイン制御としています。

下降動作はロール重量が一定のため、ラムシリンダに発生する圧力は一定になり絞り弁によるメータアウト制御としています。

なお、ロールはワークサイドとドライブサイドの2本のラムシリンダで支えられていますが、シリンダ位置の同期をとるためにサーボ弁を併用しています。

4-3-8 ロール交換上昇動作

ロール交換上昇動作の説明図を図 4-24 に示します。

電磁油圧切換弁⑲と電磁弁⑯のaソレノイドを励磁し、流量調整弁とサーボ弁回路の両方を働かせるようにしています。

この流量調整弁で上昇を行う理由は、サーボ弁の容量を小さくするためです。サーボ弁だけでもロール交換の上昇下降動作は可能ですが、この場合はサーボ弁のサイズが大きくなり、油圧圧下制御の制御精度が悪くなります。

油圧圧下制御、ロール交換の上昇動作、下降動作に必要なサー

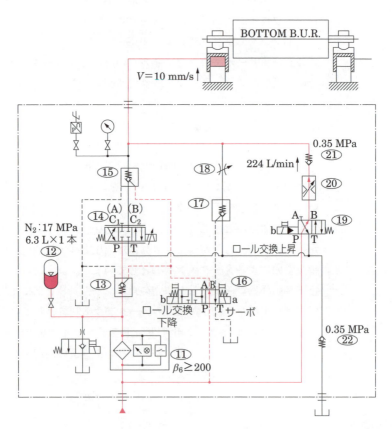

図 4-24　ロール交換上昇動作

4-3 ■油圧回路の設計　実施例2（閉ループ制御の油圧圧下装置）

ボ弁容量の比較を**表4-8**に示します。

これよりロール交換の上昇動作には2倍、下降動作には10倍の容量のサーボ弁が必要となることから、油圧圧下制御時の制御精度はそれぞれ2倍、10倍悪化することになります（式(4・17)参照）。

このように油圧閉ループ制御ではサーボ弁の容量が大きすぎると制御精度が悪くなるので、仕様を満たす最小の大きさのサーボ弁を選定することが大切です。

表4-8　サーボ弁容量の比較

		油圧圧下制御（押し）	ロール交換上昇	ロール交換下降
シリンダ速度	V 〔cm/s〕	0.2	1	1
シリンダ面積	A_1 〔cm^2〕	3739	3739	3739
サーボ弁供給圧力	ポンプオンロード圧力：P_{on} 〔kgf/cm^2〕	224	224	224
	ポンプアンロード圧力：P_{un} 〔kgf/cm^2〕	245	245	245
戻りライン背圧	P_t 〔kgf/cm^2〕	5	5	5
外　力	F 〔kgf〕	715000	50000	50000
サーボ弁定格流量（押し）	$Q_R = \dfrac{V}{\sqrt{\dfrac{A_1 P_{on} - F}{35 A_1^3}}}$ 〔cm^3/s〕	773	1524	
サーボ弁定格流量（引き）	$Q_R = \dfrac{V}{\sqrt{\dfrac{F - A_1 P_t}{35 A_1^3}}}$ 〔cm^3/s〕			7645

4-3-9 ロール交換下降動作

ロール交換下降動作の説明図を**図4-25**に示します。

ロールの自重下降回路とサーボ弁による位置同期回路を働かせるために、電磁弁⑯のbソレノイドを励磁します。

油圧圧下装置のようにシリンダサイズが大きく、自重発生圧力が小さい時の自重下降動作の場合にはラインの圧力損失に注意が必要です。

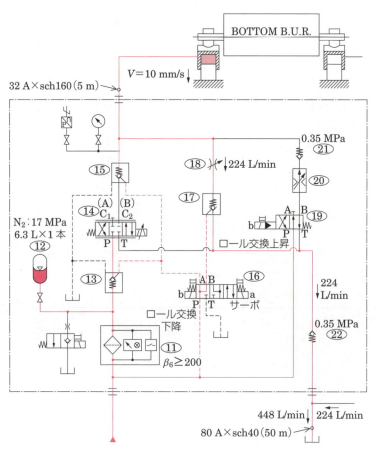

図4-25 ロール交換下降動作

4-3 ■油圧回路の設計　実施例2（閉ループ制御の油圧圧下装置）

　目標速度を得るには、ラムシリンダから排出される油の圧力損失を自重発生圧力以下にする必要があります。
　以下に、具体的な圧力損失の求め方を示します。
　絞り弁⑱の圧力損失：ΔP_1
　パイロット操作形チェック弁⑰の圧力損失：ΔP_2
　チェック弁㉒の圧力損失：ΔP_3
　ラムシリンダからバルブスタンド間の配管の圧力損失：ΔP_4
　マニホールドブロック（M/B）内油路の圧力損失：ΔP_5
　バルブスタンドから油タンクまでの配管の圧力損失：ΔP_6
　各油圧機器の圧力損失はメーカのカタログから算出しますが、実際に使う作動油の条件に換算する必要があります。
　ここでは、油圧ポンプ運転時の推奨粘度範囲 $13 \sim 54 \text{ mm}^2/\text{s}$ の高い方の粘度 $54 \text{ mm}^2/\text{s}$ における石油系作動油の圧力損失を求めることにします。
　密度と粘度条件が異なるバルブの圧力損失は、次の換算式で求めます。

$$\Delta P_x = \Delta P \left(\frac{\rho_x}{\rho}\right) \times \left(\frac{\nu_x}{\nu}\right)^{\frac{1}{4}} \text{ [MPa]} \qquad \cdots (4 \cdot 19)$$

ここで、ΔP_x：作動油密度 ρ_x で粘度 ν_x の時のバルブの圧力損失
　　　　ΔP：作動油密度 ρ で粘度 ν の時の圧力損失データ
　以下に、圧力損失の算出例を示します。

$$絞り弁：\Delta P_1 = 0.15 \times \left(\frac{860}{860}\right) \times \left(\frac{54}{32}\right)^{\frac{1}{4}} = 0.17 \text{ MPa}$$

$$パイロットチェック弁：\Delta P_2 = 0.25 \times \left(\frac{860}{860}\right) \times \left(\frac{54}{36}\right)^{\frac{1}{4}}$$
$$= 0.28 \text{ MPa}$$

$$チェック弁：\Delta P_3 = 0.09 \times \left(\frac{860}{860}\right) \times \left(\frac{54}{20}\right)^{\frac{1}{4}} = 0.12 \text{ MPa}$$

　配管部分の圧力損失は、式（1・6）（p.26）および式（1・7）から求めます。
　この管路の圧力損失の計算結果を**表4-9**に示します。
　この油圧圧下装置の下降動作では、自重発生圧力 1.3 MPa に

4章 ■ 油圧回路の設計

表 4-9　管路の圧力損失

		ΔP_4 シリンダライン	ΔP_6 油タンクライン	ΔP_5 M/B 内油路				
				M/B 内油路 1	M/B 内油路 2	M/B 内油路 3	M/B 内油路 4	M/B 内油路 5
流量	Q [L/min]	224	448	224	224	224	224	224
管内径	D [m]	0.0299	0.0781	0.033	0.029	0.033	0.033	0.029
管内断面積	A [m²] $= \pi/4 \times D^2$	0.000702	0.004791	0.000855	0.000661	0.000855	0.000855	0.000661
流速	V [m/s] $= Q \times 10^{-3}/(60 \times A)$	5.32	1.56	4.37	5.65	4.37	4.37	5.65
動粘度	ν [m²/s]	0.000054		同左				
レイノルズ数	$Re = V \times D/\nu$	2946	2256	2671	3034	2671	2671	3034
流体摩擦係数	$\lambda = 64/Re$　at $Re < 3000$ $\lambda = 0.316Re^{-0.25}$　at $3000 < Re < 100000$	0.022	0.028	0.024	0.043	0.024	0.024	0.043
配管長さ	L [m]	5	50	0.08	0.42	0.35	0.22	0.18
油の密度	ρ [kg/m³]	860		同左				
直管の圧力損失	ΔP_L [MPa] $= \lambda L \rho V^2/(2D)$	0.045	0.019	0	0.009	0.002	0.001	0.004
エルボ継手の損失係数	K_1	1.2						
キリ穴 90°直角曲り部の損失係数	K_2	1.5						
ティー分岐管曲りの損失係数	K_3	1.3						
エルボ継手個数	N_1	5	5	0	0	0	0	0
キリ穴 90°直角部個数	N_2	0	0	2	2	2	2	2
ティー継手個数	N_3	0	1	0	0	0	0	0
エルボ継手損失	ΔP_E [MPa] $= K_1 \times \rho/2 \times V^2 \times N_1$	0.073	0.006	0	0	0	0	0
キリ穴 90°直角部損失	ΔP_D [MPa] $= K_2 \times \rho/2 \times V^2 \times N_2$	0	0	0.025	0.041	0.025	0.025	0.041
ティー継手損失	ΔP_T [MPa] $= K_3 \times \rho/2 \times V^2 \times N_3$	0	0.001	0	0	0	0	0
圧力損失の合計	ΔP [MPa] $= \Delta P_L + \Delta P_E + \Delta P_D + \Delta P_T$	0.118	0.026	0.025	0.05	0.027	0.026	0.045
ΔP_4（シリンダライン）〜ΔP_6（タンクライン），ΔP_5（M/B 内油路）の圧力損失の総合計 [MPa]		0.317						

4-3 ■油圧回路の設計　実施例2（閉ループ制御の油圧圧下装置）

対し、戻りラインのトータルの圧力損失は

$$\Delta P_1 + \Delta P_2 + \Delta P_3 + \Delta P_4 + \Delta P_5 + \Delta P_6$$
$$= 0.17 + 0.28 + 0.12 + 0.32 = 0.89 \text{ MPa}$$

と計算され、下降速度は確保されると考えられるために、このバルブサイズと配管径に決定します。

　以上で油圧圧下装置の油圧回路は図4-13（p.113）の通りに決定します。

空気圧編

1章 空気圧の基礎

1-1 空気圧とは？

空気圧は主に一般産業の分野で活用されており、産業機械の自動化や省人化を行っていくうえで欠かせない技術といえます。油圧システムに比べて出力は小さいものの、圧縮空気を運動の媒体としていることにより、小形・軽量・クリーンなシステムが構成できます。

▶ 1-1-1 空気の組成

地球を取り巻く気体を大気といい、地表から 500 km 以下が大気圏であるとされます。一般的に地表で身近に存在する大気や、一定量のまとまった大気が空気と呼ばれています。大気の主な成分は、窒素 78％、酸素 21％、アルゴンが 0.93％、二酸化炭素が 0.032％であり、実際の大気には水分が含まれていますが、場所、時間、温度等により変動します。図 1-1 に空気の組成を示します。

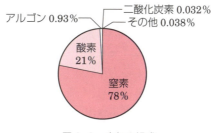

図 1-1　空気の組成

1章 空気圧の基礎

▶ 1-1-2 空気圧の状態表示

大気はさまざまな状態で変化しているので、標準的な状態を示すために、**標準参考空気**と**標準状態**と**基準状態**が使われます。JIS B 0142：2011 では以下が示されています。

① 標準参考空気：温度 20℃、絶対圧力 0.1 MPa、相対湿度 65％の湿り空気
② 標準状態　　：温度 20℃、絶対圧力 101.3 kPa、相対湿度 65％の空気の状態
③ 基準状態　　：温度 0℃、絶対圧力 101.3 kPa での乾燥気体の状態

標準参考空気は、JIS B 8393：2000 に規定されていて、単位の後に ANR を付記します。

表 1-1　空気圧の状態表示

	標準参考空気	標準状態	基準状態
絶対圧力	0.1 MPa	101.3 kPa	101.3 kPa
温度	20℃	20℃	0℃
相対湿度	65％	65％	0％
密度	1.185 kg/m³	1.200 kg/m³	1.293 kg/m³
表記	ANR		

▶ 1-1-3 圧力の単位

> **❶ 圧力の単位**
> 国内では kgf/cm² が従来多く使われていました。
> 　1 kgf/cm² =
> 　1 atm = 100 kPa
> 　= 0.1 MPa
> アメリカでは psi が使われる場合もあります。
> 　1 psi = 6894.76 Pa

● 圧力の単位

圧力表示は ISO で定める単位 Pa（パスカル）で表示され、1 m² 当たりに作用する力 N（ニュートン）を意味します。

$$1\ Pa = 1\ N/m^2$$

N（ニュートン）は質量をもつ物体に作用して 1 m/s² の加速度を生じる力を意味します。一般的によく使われる圧力単位は以下の通りです。

油圧・空圧：$1\ MPa = 10^6\ Pa$
気象：$hPa = 10^2\ Pa$
　　　$1\ bar = 10^5\ Pa$

1-1 ■ 空気圧とは?

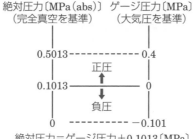

図1-2　絶対圧力とゲージ圧力

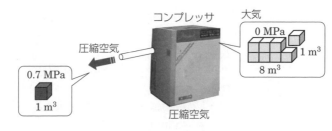

図1-3　圧縮空気

● 絶対圧力とゲージ圧力

空気圧力の単位には、**絶対圧力**と**ゲージ圧力**があり、一般的にはゲージ圧力が使用されます。絶対圧力とは完全真空を基準として表した圧力であり、ゲージ圧力とは大気圧を基準として表した圧力です（**図1-2**）。

● 圧縮空気

大気を圧縮したものを**圧縮空気**といい、0.7 MPa の圧縮空気は大気を 1/8 の容積まで圧縮機で圧縮したものです（**図1-3**）。

▶ 1-1-3　ボイル・シャルルの法則

空気の圧力、体積、温度には関係式があり、ボイル・シャルルの法則によって表されます。
ボイル・シャルルの法則は、温度一定のもとに絶対圧力と体積が反比例するボイルの法則（**図1-4**）と、圧力一定の

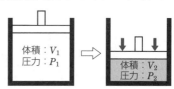

図1-4　ボイルの法則

> **❶ 絶対温度**
> 絶対温度とは、原子・分子の熱運動がほとんどなくなる温度を表し、単位は K（ケルビン）。セ氏温度との換算式は以下の通り。
> 　絶対温度＝セ氏温度＋273.15〔K〕

1章 空気圧の基礎

もとに体積は絶対温度に比例するシャルルの法則を組み合わせたものです（式 (1·1)）。

$$\frac{P_1 V_1}{T_1} = \frac{P_2 V_2}{T_2} \qquad \cdots (1 \cdot 1)$$

ここで、P_1：変化前の絶対圧力〔MPa〕（ゲージ圧力 + 0.1013）
　　　　P_2：変化後の絶対圧力〔MPa〕（ゲージ圧力 + 0.1013）
　　　　V_1：変化前の体積
　　　　V_2：変化後の体積
　　　　T_1：変化前の温度（セ氏温度 + 273.15）
　　　　T_2：変化後の温度（セ氏温度 + 273.15）

> 例題 1
> 0.1013 MPa の空気 8 L を 1 L まで圧縮したときの圧力〔MPa〕を求めよ。
>
> 解答 1
> ボイルの法則により下記の計算式になる。
> 　P_1 = 0.1013 MPa（絶対圧力）
> 　V_1 = 8 L
> 　P_2 = ?
> 　V_2 = 1 L
> 　$P_1 \times V_1 = P_2 \times V_2$ より
> 　$0.1013 \times 8 = P_2 \times 1$
> 　P_2 = 0.8104 MPa（絶対圧力）
> 　$0.8104 - 0.1013 = 0.7091$ MPa（ゲージ圧力）
>
> 大気圧の空気の体積が 1/8 に圧縮されたことより、**約 0.7 MPa の圧力の圧縮空気になる。**

▶ 1-1-5 パスカルの原理

単位面積当たりにかかる力のことを圧力といいます。かかる力を F〔N〕、面積を S〔m²〕とすると圧力〔Pa〕は以下の式 (1·2) で表すことができます。

$$P = \frac{F}{S} \qquad \cdots (1 \cdot 2)$$

流体が密封された容器内のあらゆる地点の圧力は等しくなりま

す。これを**パスカルの原理**といいます（式(1・3)）。**図1-5**の状態において断面積S_1にF_1の力を加えた場合、容器内の圧力は等しいことから、断面積S_2に加わる力F_2は式(1・4)で表されます。

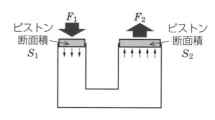

図1-5　パスカルの原理

$$P = \frac{F_1}{S_1} = \frac{F_2}{S_2} = 一定 \qquad \cdots (1 \cdot 3)$$

$$F_2 = \frac{S_2}{S_1} F_1 \qquad \cdots (1 \cdot 4)$$

▶ 1-1-6　連続の法則

図1-6に示す管の①点における断面積をA_1、流体の速度をv_1、密度をρ、②点における断面積をA_2、速度をv_2とすれば、流体の質量流量qは

$$q = A_1 v_1 \rho = A_2 v_2 \rho = 一定 \qquad \cdots (1 \cdot 5)$$

となります。定常流れで管の中を流れる圧縮空気の流量は、標準状態に換算し

$$Q \, [\mathrm{L/min\,(ANR)}] = A_1 v_1 = A_2 v_2 = 一定 \qquad \cdots (1 \cdot 6)$$

の関係が成り立ち、これを**連続の式**と呼びます。管に同じ流量を流すとき、断面積が小さい場合には流速が速く、断面積が大きい場合には流速が遅くなります。

> ❶ **定常流れ**
> 定常流れとは、速度、圧力、密度等の物理量が時間的に変化しない流れをいいます。対義語＝非定常流れ。

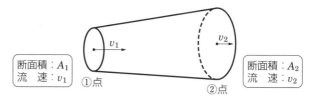

図1-6　管を流れる定常流れ

1章 ■ 空気圧の基礎

1-2 空気圧シリンダの推力

▶ 1-2-1 空気圧シリンダの出力

図 **1-7** に示す片ロッドシリンダの**理論推力** F_0 は、ピストンに加わる圧力 P とピストンの受圧面積より式（1・7）で表されます。

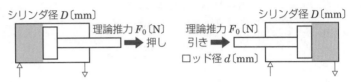

図 1-7 シリンダの理論推力

$$押し：F_0 = (\pi/4) D^2 \cdot P \ [\mathrm{N}]$$
$$引き：F_0 = (\pi/4)(D^2 - d^2) P \ [\mathrm{N}]$$
$$\cdots (1 \cdot 7)$$

例題 2

シリンダ内径 $\phi 40\ \mathrm{mm}$、ピストンロッド径 $\phi 10$、圧力 $0.4\ \mathrm{MPa}$ の時、シリンダ押し側の理論推力と、引き側の理論推力を求めよ。

解答 2

$$押し側理論推力 = \left(\frac{\pi}{4}\right) 40^2 \times 0.4 = 502.6\ \mathrm{N}$$

$$引き側理論推力 = \left(\frac{\pi}{4}\right)(40^2 - 10^2) \times 0.4 = 471.2\ \mathrm{N}$$

▶ 1-2-1 空気圧シリンダの負荷率

シリンダの理論推力と負荷との比率を表すものを**負荷率**と呼び、シリンダの動特性に影響を及ぼすため、シリンダ選定時には負荷率を確認することが重要です（**図 1-8**）。一般的なシリンダにおいては負荷率 0.5 以下で使用されることが推奨されています。

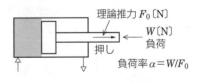

図 1-8 シリンダの負荷率

1-2-3　空気圧シリンダの空気消費量

❶ 空気消費量
バルブとシリンダ間の配管距離が長い場合や、チューブ径に余裕をみると空気消費量が増えます。省エネルギーの観点からも最適な長さとサイズを選定します。

図1-9に示す空気圧シリンダ駆動回路の空気消費量は式（1・8）で計算され、空気消費量の単位は大気圧換算された標準状態〔L/min（ANR）〕で表されます。

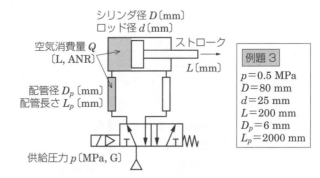

例題3
$p = 0.5$ MPa
$D = 80$ mm
$d = 25$ mm
$L = 200$ mm
$D_p = 6$ mm
$L_p = 2000$ mm

図1-9　空気圧シリンダの空気消費量

押し工程：$Q_1 = 10^{-6}(\pi/4)D^2 L(p/0.1+1)$ 〔L(ANR)〕

引き工程：$Q_2 = 10^{-6}(\pi/4)(D^2-d^2)L(p/0.1+1)$ 〔L(ANR)〕

配管　　：$Q_3 = 10^{-6}(\pi/4)Dp^2 Lp(p/0.1+1)$ 〔L(ANR)〕

1往復　：$Q = Q_1 + Q_2 + 2Q_3$　　　　　…(1・8)

例題3
図1-8に示す回路におけるシリンダの押し側、引き側、1往復におけるそれぞれの空気消費量を求めよ。

解答3
$Q_1 = 10^{-6}(\pi/4)80^2 \times 200(0.5/0.1+1) = 6.03$ L(ANR)
$Q_2 = 10^{-6}(\pi/4)(80^2-25^2) \times 200(0.5/0.1+1) = 5.44$ L(ANR)
$Q_3 = 10^{-6}(\pi/4)6^2 \times 2000 \times (0.5/0.1+1) = 0.34$ L(ANR)
押し工程（グレー部分）は、$Q = Q_1 + Q_3 = 6.37$ L(ANR)
引き工程は、$Q = Q_2 + Q_3 = 5.78$ L(ANR)
1往復では、6.37 + 5.78 = 12.15 L(ANR)

1-3 空気の流量

▶ 1-3-1 流量係数

❶ 縮流係数
オリフィスの実断面積と有効断面積の比率を縮流係数と呼びます。オリフィスの形状によりますが0.7〜0.9程度が最頻値です。

方向切換弁の流量は、**音速コンダクタンス**（記号 C）および**臨界圧力比**（記号 b）で表されます。その他機器や従来の方向切換弁は**有効断面積**（記号 S）が使われています。有効断面積はオリフィスからの空気を流す量を表し（**図1-10**）、空気の流れはオリフィスAの断面積から縮流して実際の流量はBの断面積分しか流れません。このBを有効断面積と呼びます。

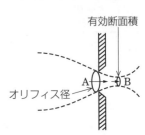

図 1-10　有効断面積

上記以外に K_V・C_V 等の流量係数が使用される場合があり、この係数から音速コンダクタンス（C）への換算式は式（1・9）が使用されます。

$$C = 0.20\,S$$
$$C = 4.00\,K_V \qquad\qquad \cdots(1\cdot9)$$
$$C = 3.40\,C_V$$

ここで、K_V：Kv 値
　　　　C_V：Cv 値
　　　　S：有効断面積〔mm²〕

❷ C_V 値と有効断面積 S
空気圧では次の C_V と有効断面積 S の換算が従来から用いられています。
$S = 18.45\,C_V$〔mm²〕

音速コンダクタンス C を、他の流量係数から換算する場合は、臨界圧力比が未知の場合には式（1・9）から逆換算し、b が既知の場合には式（1・10）により換算します。

$$K_V = C/(5.66\sqrt{1-b}\,)$$
$$C_V = C/(4.81\sqrt{1-b}\,) \qquad \cdots(1\cdot10)$$
$$S = C/(0.283\sqrt{1-b}\,)$$

▶ 1-3-2 機器の流量

図 1-11 に示す機器に流れる空気流量は、簡易式（1・11）および式（1・12）で計算されます。

1-3 空気の流量

⚠ **機器の流量**

- 臨界圧力比とは、この値より小さいとチョーク流れになる弁前後の圧力比 P_2/P_1 を表します。
- チョーク流れとは P_1 が P_2 に対して高く、機器のある部分で速度が音速に達している流れのこと。
- 単純な絞りの臨界圧力比は 0.528。

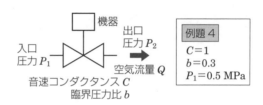

図1-11 機器の流量

亜音速流れ ($P_1 < 1.89 P_2$)

$$Q = 600\,C\,(P_1 + 0.1)\sqrt{\frac{2(P_1 - P_2)}{(P_1 + 0.1)\,0.7}}\sqrt{\frac{293}{T + 273}}$$

$\cdots(1 \cdot 11)$

音速流れ ($P_1 > 1.89 P_2$) $Q = 600\,C\,(P_1 + 0.1)\sqrt{\dfrac{293}{T + 273}}$

$\cdots(1 \cdot 12)$

臨界圧力比がわかる場合の亜音速流れは式 (1・13) で計算します。

$$Q = 600\,C\,(P_1 + 0.1)\sqrt{\frac{2(P_1 - P_2)}{(P_1 + 0.1)(1 - b)}}\sqrt{\frac{293}{T + 273}}$$

$\cdots(1 \cdot 13)$

ここで、Q：空気流量〔L/min (ANR)〕

例題4

図1-11において、入口圧力が 0.5 MPa、音速コンダクタンスが1、出口圧力が 0 MPa の場合の空気流量を簡易式で求めよ。

解答4

$P_1 = 0.5 + 0.1 > 1.89 P_2 = 1.89 \times (0 + 0.1) = 0.189$

より音速流れとなり、式 (1・12) を使用する。

$Q = 600\,C\,(P_1 + 0.1) = 600 \times 1 \times (0.5 + 0.1) = 360$ L/min (ANR)

▶ **1-3-3 配管の流量**

図1-12 の配管の空気を求める場合、式 (1・14) で配管の音速コンダクタンスを計算し、次に式 (1・15)（音速流れ）または

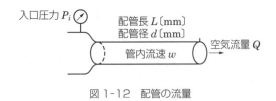

図1-12 配管の流量

式(1・16)(亜音速流れ)で計算を行います。

$$配管のコンダクタンス：C = \frac{(\pi/4)d^2}{3.44\sqrt{\lambda L/d + 1}} \quad \cdots(1・14)$$

ここで、λ：管摩擦係数＝0.02

$$音速流れ：Q = 600C(P_1 + 0.1)\sqrt{\frac{293}{T + 273}} \quad \cdots(1・15)$$

$$亜音速流れ：Q = 600C(P_1 + 0.1)\sqrt{\frac{2\Delta P}{P_1 + 0.1}}\sqrt{\frac{293}{T + 273}} \quad \cdots(1・16)$$

図1-13に鋼管とナイロンチューブの有効断面積を示します。音速コンダクタンスを求める場合には式(1・9)の$C = 0.2S$を使用します。

▶ 1-3-4　音速コンダクタンスの合成

複数の機器が接続された空気圧回路においては、簡易的な近似式を用いて計算を行い、音速コンダクタンスの合成値を求めることができます。計算式は、直列回路の場合と並列回路の場合があります(図1-14)。

● 直列接続回路

一般的な圧力降下が少ない直列接続回路においては式(1・17)が使用されます。

$$\frac{1}{C^2} = \frac{1}{C_1^2} + \frac{1}{C_2^2} + \frac{1}{C_3^2} + \cdots + \frac{1}{C_n^2} \quad \cdots(1・17)$$

● 並列接続回路

一般的な圧力降下が少ない並列接続回路においては式(1・18)

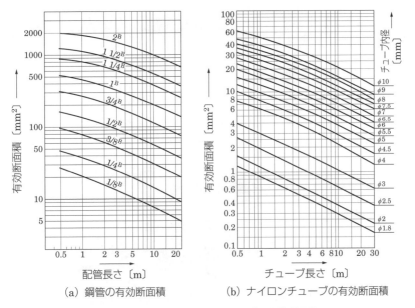

(a) 鋼管の有効断面積　　(b) ナイロンチューブの有効断面積

図1-13　鋼管とナイロンチューブの有効断面積

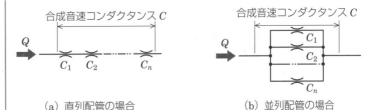

(a) 直列配管の場合　　(b) 並列配管の場合

図1-14　機器の合成音速コンダクタンス

が使用されます。

$$C = C_1 + C_2 + C_3 + \cdots + C_n \quad \cdots (1 \cdot 18)$$

> 例題5
> 音速コンダクタンス $C_1 = 2$ と $C_2 = 1.5$ の機器を直列に、これらと並列に $C_3 = 1$ の機器を接続した場合の合成音速コンダクタンスを求める。
>
> 解答5
> $$\text{合成 } C = \sqrt{\frac{C_1^2 C_2^2}{C_1^2 + C_2^2}} + C_3 = 1.2 + 1 = 2.2$$

1-4 シリンダ駆動システムの選定

シリンダを駆動するシステムの選定例として、以下の2条件から機器を選定する方法があります。
① シリンダチューブ内径・作動速度から周辺機器を選定
② シリンダ負荷・動作時間からシリンダチューブ内径を決定し、周辺機器を選定

▶ 1-4-1 シリンダチューブ内径と作動速度から周辺機器を選定する場合

図1-15 シリンダの作動条件

❶ クッション
シリンダを500 mm/s以上の高速で作動させる場合にはストローク端での衝撃吸収を考慮する必要があります。シリンダのクッション方式・能力を確認する、クッション回路（3-3-5参照）を検討する等を行ってください。

STEP1 シリンダ作動速度の確認（表1-1）

ここではシリンダの作動速度を確認します。一般的なシリンダの作動速度範囲は50～500 mm/sです。速度が決まっていない場合には500 mm/s（中速）を設定しておきます。

表1-1 シリンダ作動速度

シリンダの速さの程度	低速	中速	高速	超高速
理論基準速度〔mm/s〕	250	500	750	1000

STEP2 適正制御機器の選定

チューブ内径と理論基準速度に対する適正制御機器（バルブ、速度制御弁、サイレンサ、配管）と必要流量を**表1-2**から読み取ります。

STEP3 フィルタ・レギュレータの選定

フィルタ・レギュレータは**表1-3**を使用し、最大流量の値が表1-2の【必要流量】以上の機器を選定します。複数のシリンダを使用するシステムでは【必要流量】の合計から選定します。

1-4 ■ シリンダ駆動システムの選定

表 1-2 適正機器の選定表

チューブ内径 [mm]	理論基準速度 [mm/s]	必要流量 [L/min] (ANR)	必要な合成有効断面積 [mm²]	適切制御機器 バルブ シングルソレノイド	適切制御機器 バルブ ダブルソレノイド	適切制御機器 空圧補助機器 速度制御弁	適切制御機器 空圧補助機器 サイレンサ	適切制御機器 配管 配管（バルブ・シリンダ間）
φ40	250	110	1.7	4KA210 4KB210 4GA210 4GB210	4KA220 4KB220 4GA220 4GB220	SC3W-6-6 SCL2-06 -H66	SLM-M5, SLW-6A	φ6×φ4 ナイロンチューブ
φ40	500	230	3.3			SC1-6 SCL2-08 -H88	SLW-6S, SLW-6A	φ8×φ5.7 ナイロンチューブ
φ40	750	340	5.0			SC1-8	SLW-8A, SLW-6A	φ10×φ7.2 ナイロンチューブ
φ40	1000	450	6.6			SC1-8	SLW-8A, SLW-8S	φ10×φ7.2 ナイロンチューブ
φ50	250	180	2.6	4KA210 4KB210 4GA210 4GB210	4KA220 4KB220 4GA220 4GB220	SC1-6 SCL2-08 -H88	SLW-6A, SLW-6S	φ8×φ5.7 ナイロンチューブ
φ50	500	350	5.2			SC1-8	SLW-8A, SLW-6A	φ10×φ7.2 ナイロンチューブ
φ50	750	530	7.7	4GA310 4GB310	4GA320 4GB320	SCL-10 -H1010	SLW-8A, SLW-8S	φ10×φ7.2 ナイロンチューブ
φ50	1000	710	10.4	4GA310 4GB310 4F310 4F410	4GA320 4GB320 4F320 4F420	SC1-10	SLW-10A	φ15×φ11.5 ナイロンチューブまたは、Rc 3/8 鋼管
φ63	250	280	4.1	4KA210 4KB210 4GA310 4GB310	4KA220 4KB220 4GA320 4GB320	SC1-6 SCL2-08 -H88	SLW-6S, SLW-6A	φ8×φ5.7 ナイロンチューブ
φ63	500	560	8.2	4GA310 4GB310	4GA320 4GB320	SC1-8 SCL-10 -H1010	SLW-8A, SLW-8S	φ10×φ7.2 ナイロンチューブ
φ63	750	840	12.3	4KA310 4KB310 4F310 4F410	4KA320 4KB320 4F320 4F420	SC1-10	SLW-10A	φ15×φ11.5 ナイロンチューブまたは、Rc 3/8 鋼管
φ63	1000	1100	16.4	4F510	4F520	SC1-15	SLW-15A	Rc 1/2 鋼管

表1-3 フィルタ・レギュレータの選定表

FRLキット			FRキット		
形番	接続口径	最大流量〔L/min〕(大気圧換算)	形番	接続口径	最大流量〔L/min〕(大気圧換算)
C1000-6-W	Rc 1/8	450	W1000-6-W	Rc 1/8	800
C1000-8-W	Rc 1/4	630	W1000-8-W	Rc 1/4	1150
C2000-8-W	Rc 1/4	1200	W2000-8-W	Rc 1/4	1500
C2000-10-W	Rc 3/8	1700	W2000-10-W	Rc 3/8	2000
C2500-8-W	Rc 1/4	1200	W3000-8-W	Rc 1/4	2150
C2500-10-W	Rc 3/8	1700	W3000-10-W	Rc 3/8	2430
C3000-8-W	Rc 1/4	1280	W4000-8-W	Rc 1/4	2500
C3000-10-W	Rc 3/8	1750	W4000-10-W	Rc 3/8	4350
C4000-8-W	Rc 1/4	1430	W4000-15-W	Rc 1/2	4750
C4000-10-W	Rc 3/8	2400	W8000-20-W	Rc 3/4	10000
C4000-15-W	Rc 1/2	3000	W8000-25-W	Rc 1	10000
C6500-20-W	Rc 3/4	4500	B7019-1C	Rc 1/8	500
C6500-25-W	Rc 1	5000	B7019-2C	Rc 1/4	900
C8000-20-W	Rc 3/4	7000			
C8000-25-W	Rc 1	7500			

● 流量の単位

空気流量の単位には〔L/min〕が使用され、1000 L/min = 1 m³/min (リューベ) と呼ばれます。

● 理論基準速度

理論基準速度とは、シリンダの速さの程度を示し、式 (1・19) で計算します。この値はシリンダ無負荷時の速度とほぼ一致します。負荷が加わると速度は低下します。

$$V_0 = 1920 \times \frac{S}{A} = 2445 \times \frac{S}{D^2} \quad \cdots (1・19)$$

ここで、V_0：理論基準速度〔mm/s〕
　　　　A：シリンダ断面積〔cm²〕
　　　　S：回路の合成有効断面積（排気側）〔mm²〕
　　　　D：シリンダ内径〔cm²〕

グラフ（図1-16）で示すと理論基準速度は等速で作動する範囲の速度であり、$V_0 = l/t_3$〔mm/s〕で計算されます。

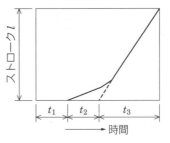

図1-16 シリンダ速度

ここで、t_1：動き始めるまでの時間
　　　　t_2：一次遅れの時間
　　　　t_3：等速で作動する時間
　　　　l：ストローク

● **必要流量**

　必要流量とは、シリンダがV_0の速さで作動する時に流れる瞬時的流量で、式（1・20）で計算されます。表1-3は$P=0.5$ MPaの時の値です。必要流量はフィルタやレギュレータを選定するのに必要な値です。

$$Q \fallingdotseq \frac{AV_0(P+0.1013) \times 60}{0.1013 \times 10^4} \qquad \cdots (1 \cdot 20)$$

ここで、Q：必要流量〔L/min〕(ANR)
　　　　P：供給圧力〔MPa〕

▶ 1-4-2　負荷の値と作動時間から選定する場合

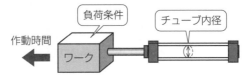

図1-17　シリンダの作動条件

[STEP1] **条件の確認**

　負荷の値・作動時間・ストローク・圧力条件を確認します（図1-18）。

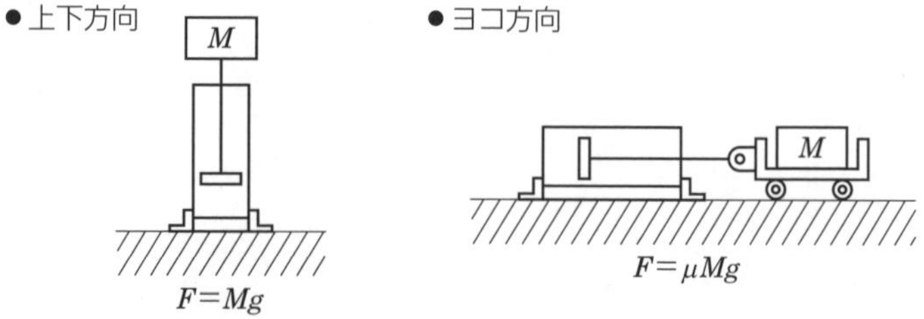

1章 ■ 空気圧の基礎

● 上下方向　　　　　　　● ヨコ方向

$F = Mg$　　　　　　　　$F = \mu Mg$

(1) 負荷　　　　　　　　$F = \square$ 〔N〕
(2) 作動時間の目標値　　$t = \square$ 〔s〕
(3) ストローク　　　　　$L = \square$ 〔mm〕
(4) 圧力　　　　　　　　$P = \square$ 〔MPa〕

M：物体の質量〔kg〕
μ：摩擦係数（通常 $\mu \fallingdotseq 0.3$）
F：負荷〔N〕
g：9.8 m/s^2

図 1-18　シリンダ作動条件

STEP2　シリンダ内径の選定

図 **1-19** において、必要な推力と圧力によりシリンダ内径の選定を行い、そのときの負荷率を確認し、負荷率が 50％ に近いシリンダ内径を読み取ります。

　　　シリンダ内径 $D = \phi \square$

例) $F =$ 800 、$P =$ 0.5 MPa 、 負荷率 50％ 時のシリンダ内径は $\phi 63$ となる。

STEP3　理論基準速度の選定

図 **1-20** のシリンダ基準速度グラフより、動作時間の目標値を得るために必要な基準理論速度 V_0 の値を読み取ります。

　　　$V_0 = \square$

例) 負荷率 50％ 、 ストローク 200 mm のシリンダを 1.0 sec で作動させる時の理論基準速度は 450 mm/s となる。

STEP4　適正システムの選定

図 **1-21** の適正システム選定表により、STEP3 で求めた理論基準速度 V_0 の値と、STEP2 で求めたシリンダ内径からシステムを読み取ります。

　　　システム記号 $\square$

例) $\phi 63$ のシリンダ を理論基準速度 450 mm/s で作動させるためには C1 システム が最適となる。

1-4 ■ シリンダ駆動システムの選定

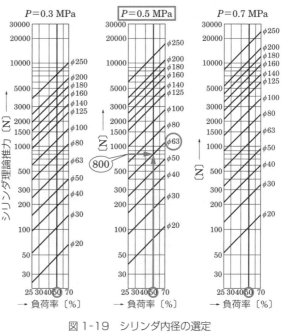

図1-19 シリンダ内径の選定

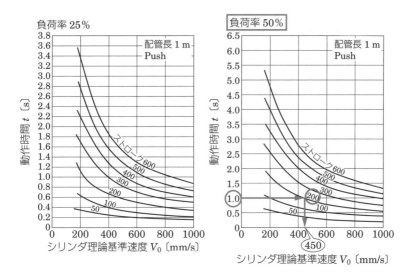

図1-20 シリンダ理論基準速度

1章■空気圧の基礎

	（例）C1 システム時
バルブ☐	バルブ：シングル 4KB210-08 または 4GB310-08 　　　　ダブル　　 4KB220-08 または 4GB320-08
スピードコントローラ☐	スピードコントローラ：SCI-8
サイレンサ☐	サイレンサ：SLW-8A
配管☐	配管：$\phi 10 \times \phi 7.2$ ナイロンチューブ 1 m

標準システム表

標準システムNo.	バルブ シングルソレノイド	バルブ ダブルソレノイド	スピードコントローラ	サイレンサ	配管	合成有効面積(mm²)配管長(1 m)
A	4SB010-M5 4KA110-GS4	4SB020-M5 4KA120-GS4	SC3W-M5-4 (SC-M5)	SLM-M5	$\phi 4 \times \phi 2.5$ ナイロンチューブ	0.9
B1	4KA110-GS6 4KB110-06	4KA120-GS6 4KB120-06	SC3W-6-6 SCL2-06-H66	SLM-M5 SLW-6A	$\phi 6 \times \phi 4$ ナイロンチューブ	2.0
B2	4KB110-06	4KB120-06	SC1-6 SCL2-08-H88	SLM-M5 SLW-6A	$\phi 8 \times \phi 5.7$ ナイロンチューブ	3.0
B3	4GB210-06 4KB210-06	4KB220-06	SC1-6 SCL2-10-H1010	SLW-6A SLW-6S	$\phi 8 \times \phi 5.7$ ナイロンチューブ	5.2
B4	4GB210-08 4KB210-08	4GB220-08 4K8220-08	SC1-8 SCL2-10-H1010	SLW-6A SLW-8A	$\phi 10 \times \phi 7.2$ ナイロンチューブ	6.4
C1	4GB210-08 4KB210-08 4F210-09	4GB220-08 4KB220-08 4F220-08	SC1-8 SCL2-10-H1010	SLW-8A SLW-8S	$\phi 10 \times \phi 7.2$ ナイロンチューブ	7.8
C2	4GB310-10 4F310-10 4KB310-10	4GB320-10 4F320-10 4KB320-10	SC1-10	SLW-10A	$\phi 10 \times \phi 7.2$ ナイロンチューブまたは Ac3/8 鋼管	12

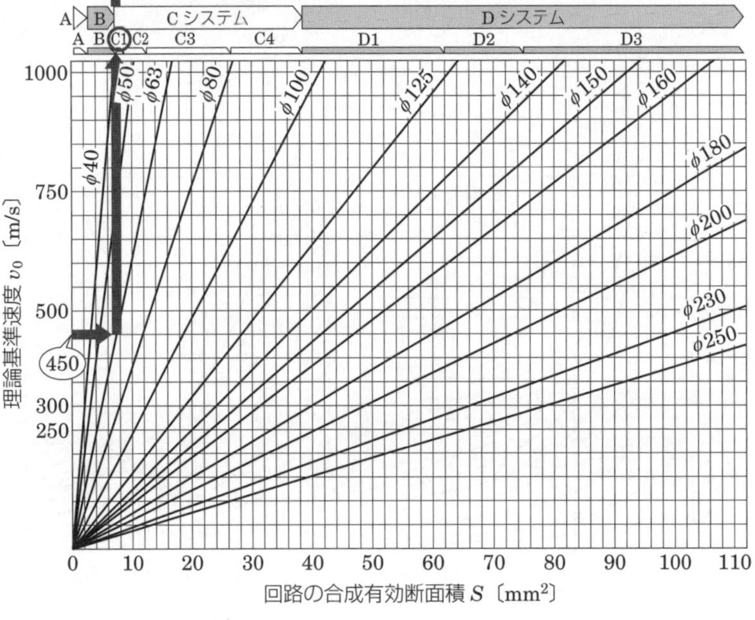

図 1-21　適正システム選定表

1-5　空気圧の長所・短所

　空気圧には、油圧や電気にはない長所もありますが、空気のもつ圧縮性により、精密な位置決めや微妙な速度制御が難しいという短所もあります。空気圧の特長を理解したうえで、最適なシステムを設計することが重要になります。

▶ 1-5-1　空気圧の長所

　① 幅広く無段階に速度調整できる

　スピードコントローラで排気または給気を絞ることにより、シリンダの速度を変化させることができます（**図1-22**）。

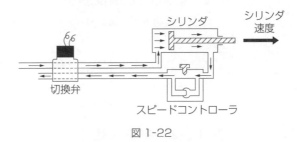

図1-22

　② 出力調整が容易

　レギュレータで空気圧を調整することにより、シリンダの出力を変化させることができます（**図1-23**）。

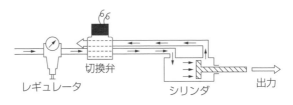

図1-23

③ 高速作動が得られる

空気は粘性が低いので、配管途中での圧力降下が少なく、流速も速く高速作動が得られます（**図1-24**）。

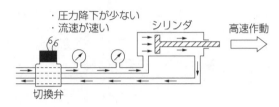

図1-24

④ 爆発や引火の心配がない

空気圧は爆発や引火の心配がなく、湿度による影響もありません。

⑤ 専門的な知識がなくても扱うことが容易
⑥ エネルギー源である空気はどこでも得られる
⑦ メンテナンスが容易

▶ 1-5-2　空気圧の短所

① 精密な速度制御が困難

空気は圧縮・膨張する性質があるので、速度安定性が悪く、極く精密な調節は困難です。

② 排気音がある

2章 空気圧機器の構造と機能

空気圧編

2-1 空気圧システムの構成

　空気圧を動力として使用するための装置や機器を系統的にまとめたものを**図2-1**に示します。

　空気圧システムは、空気圧縮機で作られた圧縮空気を媒体として、エアシリンダ等の駆動機器から出力を得ることができます。圧縮された空気に含まれる固形異物や水分・水蒸気を除去するメインライン機器、使用する機械や装置まで送られた圧縮空気を必要な清浄度・必要な圧力まで調圧する調質機器、駆動機器の動きを制御する方向制御機器、排気音を減少させるサイレンサ等の補器類等の機器から空気圧システムは構成されます。

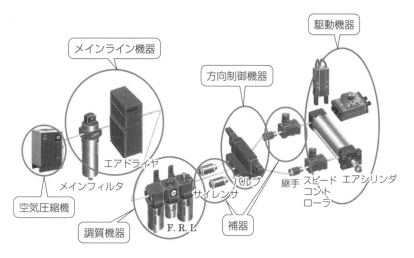

図2-1　空気圧システムの構成

2-2 圧縮空気発生源

▶ 2-2-1 空気圧縮機

● 空気圧縮機の分類と構造

空気圧を利用する機器装置の動力源には、空気圧縮機（コンプレッサ）で作られた圧縮空気を用います。圧縮機構による分類を図2-2に、代表的な製品と構造を表2-1に示します。

● 空気圧縮機の特性

空気圧縮機の特性は、吐出圧力と吐出空気量で表されます。吐出圧力は 0.7 〜 1.0 MPa で使用されることが多く、吐出空気量は〔L/min（ANR）〕で表されます。小形往復空気圧縮機の電動機定格出力と空気量は JIS B 8342 によって定められています。

> **❶ 圧縮機出力**
> 空気圧縮機の大きさは 7.5 kW 等駆動電動機の定格出力で表されます。
>
> **❶ 給油式・無給油式**
> 空気圧縮機には給油式と無給油式があります。油分を嫌う食品や半導体製造プラント等では、圧縮空気中に油分を含まない無給油式が主流です。

図 2-2 空気圧縮機の分類と図記号

表 2-1 空気圧縮機の構造

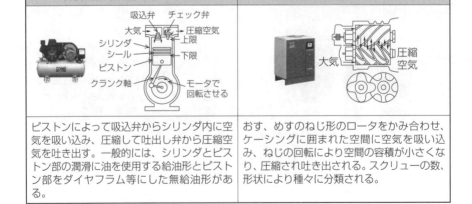

往復式空気圧縮機（レシプロ）	ねじ式空気圧縮機（スクリュー）
ピストンによって吸込弁からシリンダ内に空気を吸い込み、圧縮して吐出し弁から圧縮空気を吐き出す。一般的には、シリンダとピストン部の潤滑に油を使用する給油形とピストン部をダイヤフラム等にした無給油形がある。	おす、めすのねじ形のロータをかみ合わせ、ケーシングに囲まれた空間に空気を吸い込み、ねじの回転により空間の容積が小さくなり、圧縮され吐き出される。スクリューの数、形状により種々に分類される。

2-2-2 アフタクーラ

空気圧システムにおいてドレンの発生を防ぐため圧縮機の出口にはアフタクーラが設置されます。小形の往復式圧縮機はアフタクーラをもたずタンク表面で冷却を行います。中大形の圧縮機では、熱交換器をもつアフタクーラで水分分離を行う場合がほとんどです。構造と図記号を**図 2-3** に示します。

❶ **冷却温度**
水冷式アフタクーラは冷却する水温＋15℃以下、空冷式は外気温＋15℃以下まで圧縮空気を冷却します。

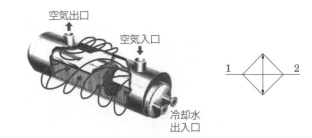

図 2-3　アフタクーラと図記号

2-2-3 レシーバおよびサージタンク

空気圧システムには各所にレシーバおよびサージタンクが以下の目的で設けられます。**図 2-4** に図記号を示します。

① 圧縮機吐出空気の圧力脈動の低減
② 圧縮機の間欠運転
③ 集中的な空気消費のための蓄積
④ 緊急時の空気蓄積

❷ **エアタンク容量**
間欠使用の場合は、エアタンクを設置すれば、小形エアコンプレッサで大きな仕事をさせることができます。シリンダが作動中には空気消費が多く圧力降下が生じても、必要な使用圧力まで降下しない容量のエアタンクを設置し、かつシリンダが次の作動をするまでの時間に圧縮空気を補充できるコンプレッサであればいいのです。

【エアタンクの容量計算式】

$$V_t = \frac{V_s}{(P_t - P_s) \times 10.2}$$

ここで、
V_t：タンク容量〔L〕
V_s：1サイクル空気消費量〔L〕（ANR）
P_t：タンク圧力〔MPa〕
P_s：シリンダ使用最高圧力〔MPa〕

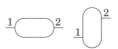

図 2-4　レシーバ、サージタンクの図記号

▶ 2-2-4 メインラインフィルタ

メインラインフィルタは空気圧縮機の2次側に設置され、圧縮された空気に含まれるダスト、油分、水分等の不純物を取り除き、空気圧システムの信頼性を高めます。必要な空気質に応じてフィルタエレメントを選定します。**図2-5**に構造と図記号を示します。

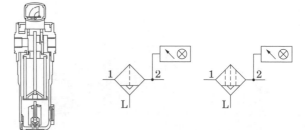

構造　　　　　図記号
（左は固形異物、右は加えて油分除去の場合）

図2-5　メインラインフィルタの構造と図記号

● フィルタエレメント

メインラインフィルタは、除去する固形異物やオイルミストの種類により**表2-2**のように使い分けられます。

表2-2　フィルタエレメントの種類

プレフィルタ	油分除去フィルタ	高性能油分除去フィルタ	活性炭フィルタ
・ドライヤのプレフィルタに使用 ・$3\mu m$ 以上を除去	・空気圧機器を保護する ・$0.3\mu m$ 以上を除去 ・2次側油分濃度 ・0.5 mg/m^3（21℃時）まで除去	・油を嫌う空気圧回路に使用 ・$0.01\mu m$ 以上を除去 ・2次側油分濃度 ・0.01 mg/m^3（20℃時）	・臭いを嫌う空気圧回路に使用 ・活性炭による吸着 ・2次側油分濃度 ・0.003 mg/m^3（20℃時）

2-2 ■ 圧縮空気発生源

メインラインシステムに求められる圧縮空気の質によりメインラインシステム機器は組み合わされ、メインラインフィルタが選択使用されます。**図2-6**に圧縮空気に含まれる不純物と組み合わせるメインライン機器を示します。

● **圧縮空気品質等級**

圧縮空気は、含まれる粒子径、圧力露点、油分濃度によりJIS B 8392に品質等級が定められています（**表2-3**）。その品質等

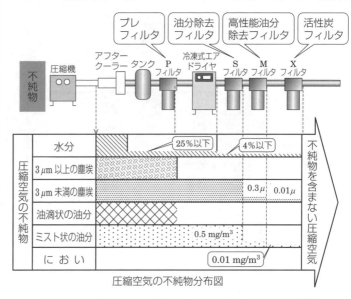

図2-6 圧縮空気中の不純物とメインラインフィルタの種類

❶ 圧縮空気品質等級
「等級1, 2, 1」とは固形粒子 $0.1\,\mu m$ 圧力露点 $-40\,℃$ 油分濃度 $0.01\,mg/m^3$ という等級を示します。

表2-3 JIS B 8392-1：2000 圧縮空気品質等級

等 級	最大粒子径 〔μm〕	最低圧力露点 〔℃〕	最大油分濃度 〔mg/m^3〕
1	0.1	－70	0.01
2	1	－40	0.1
3	5	－20	1.0
4	15	＋3	5
5	40	＋7	25
6	－	＋10	－

注）表示方法は、最大粒子径、最低圧力露点、最大油分濃度で示す。等級1, 2, 1 等

級に合わせたメインラインシステム機器の構成は、各空気圧メーカが示しているので参考としてください（**図2-7**）。

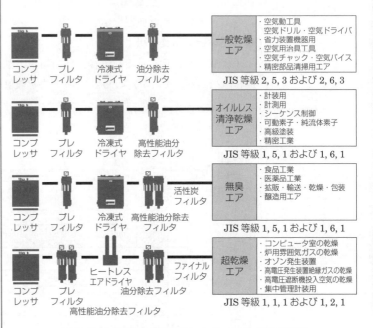

図2-7　圧縮空気品質等級とメインライン機器の構成

2-3　調質機器

　調質機器とは、空気圧回路の入口に設置し、圧縮空気中に含まれる固形異物、油分、水分等を除去し、空気圧システムに使用される圧縮空気を最適な状態に浄化する機器をいいます。

▶ 2-3-1　エアドライヤ

　エアドライヤとは、圧縮空気中に含まれる水蒸気を除去して乾燥空気を得るための機器です。水蒸気を除去する方法により、冷凍式、吸着式および膜式等の種類があります。

● **エアドライヤの性能**

　エアドライヤでは、その性能を表すために露点が使用されます。これは機種を選定するときの重要な仕様です。

● **露　点**

　空気中には窒素や酸素のほかに水分が水蒸気の形で含まれています。空気の温度が高いほど空気中には多くの水分を含むことができます。空気の温度を下げていき、空気中の水蒸気が水滴（露）となる温度を**露点**と呼びます。たとえば、暑い夏の日に冷えたビールをコップに注ぐとコップの外側に露がつきます。これはコップの近く空気が冷却されて、空気中の水蒸気が水滴となって出てきたものです（図 **2-8**）。

　大気中において水滴が発生するときの温度（露点）を**大気圧露点**といい、圧縮空気状態において水蒸気が水滴となる温度（露点）を**圧力露点**（または加圧露点）といいます（図 **2-9**）。

図 2-8　露点

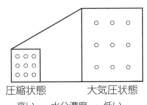

図 2-9　圧力露点

● 飽和水蒸気量と湿度

飽和水蒸気量とは、$1\,m^3$ の空気中に存在することのできる水蒸気質量〔g〕を表したものです。**表2-4** に飽和水蒸気表を示します。

空気中の水分量は湿度で表されますが、30℃で湿度50％の空気中の水分量は、飽和水蒸気表から30℃における飽和水蒸気量（相対湿度100％）$30.3\,g/m^3$ を求め、湿度50％（×0.5）を掛けると算出することができます。

$$30.3〔g〕× 0.5 = 15.15\,g/m^3$$

表2-4　飽和水蒸気量表（相対湿度100％）

10℃単位における温度〔℃〕	1℃単位における温度〔℃〕									
		0	1	2	3	4	5	6	7	8	9
	90	418	433	449	465	481	498	515	532	551	569
	80	291	302	313	325	337	350	363	376	390	404
	70	197	205	213	222	231	240	250	259	270	280
	60	130	135	141	147	154	160	167	174	182	189
	50	82.8	86.7	90.8	95.0	95.5	104	109	114	119	124
	40	51.1	53.7	56.4	59.3	62.2	65.3	68.5	71.9	75.4	79.0
	30	30.3	32.0	33.7	35.6	37.6	39.6	41.7	43.9	46.2	48.6
	20	17.2	18.3	19.4	20.6	21.8	23.0	24.4	25.8	27.2	28.7
	10	9.39	10.0	10.7	11.3	12.1	12.8	13.6	14.5	15.4	16.3
	0	4.85	5.19	5.56	5.94	6.36	6.79	7.26	7.75	8.27	8.81
	−0	4.84	4.48	4.13	3.82	3.52	3.24	2.99	2.75	2.53	2.33
	−10	2.14	1.96	1.80	1.65	1.51	1.39	1.27	1.16	1.06	0.967
	−20	0.882	0.804	0.732	0.667	0.607	0.551	0.501	0.454	0.412	0.373
	−30	0.338	0.305	0.276	0.249	0.225	0.203	0.183	0.164	0.148	0.133
	−40	0.119	0.107	0.0955	0.0854	0.0763	0.0681	0.0608	0.0541	0.0482	0.0428
	−50	0.0381	0.0338	0.0299	0.0265	0.0234	0.0207	0.0183	0.0161	0.0142	0.0125
	−60	0.0109	0.00959	0.00840	0.00734	0.00642	0.00560	0.00488	0.00425	0.00369	0.00320
	−70	0.00277	0.00240	0.00207	0.00179	0.00154	0.00133	0.00114	0.000977	0.000836	0.000715
	−80	0.000610	0.000520	0.000442	0.000376	0.000318	0.000269	0.000228	0.000192	0.000162	0.000136
	−90	0.000114	0.0000952	0.0000795	0.0000663	0.0000551	0.0000458	0.0000379	0.0000313	0.0000259	0.0000213

単位〔g/m^3〕

2-3 ■ 調質機器

● 空気中の水分量と露点

次に、30℃で湿度50％の空気温度を下げていった場合、15.15 g/m³ は飽和水蒸気表から約17℃において飽和状態となることを読み取ることができます。つまり17℃以下になった場合に水蒸気の一部は水滴となることになり、この温度を大気圧露点と呼びます。

● 圧力露点と大気圧露点の換算

大気圧下における露点と圧力下における露点の換算は**図2-10**で求めることができます。

● エアドライヤの種類と露点

エアドライヤの種類と大気圧露点は、一般的に**表2-5**に示す値です。

たとえば、冷凍式エアドライヤを使用する圧力0.5 MPaの空気圧ラインにおいては、エアドライヤを通した圧縮空気の大気圧露点が－17℃である場合、圧力露点に換算すると約5℃となり（図2-10）、圧縮空気は周囲温度が5℃以下となると水滴が発生することになります。

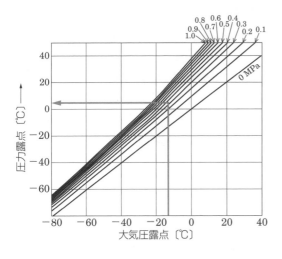

図2-10　圧力露点と大気圧露点の換算

2章 ■ 空気圧機器の構造と機能

表2-5 エアドライヤの種類と大気圧露点

種　類	大気圧露点〔℃〕
冷凍式	～ －17 ℃
乾燥剤式	－20 ～ －72 ℃
膜　式	－15 ～ －60 ℃

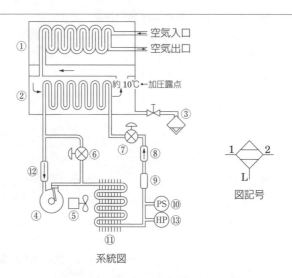

No.	名　称		働　き
①	熱交換器	プリクーラ兼レヒータ	高温高湿度の圧縮空気と低温の圧縮空気との間で熱交換を行う
②		エバポレータ	液冷媒の蒸発潜熱で圧縮空気を冷却し、水蒸気を凝縮させ水分を取る
③	オートドレン(ドレン排出器)		ドレンを自動排出する
④	冷凍用圧縮機		低圧の冷媒蒸気を圧縮し、高圧の冷媒蒸気にする
⑤	冷却ファン		凝縮器に冷却風を送る
⑥	容量調整弁		空気の流れが少なくなったとき、高温の冷媒ガスを流し、過冷却を防止する
⑦	自動膨張弁		高圧の液冷媒を減圧し、低圧・低音の液にする
⑧	フィルタドライヤ		冷媒回路中の異物を捕捉する(水分・ゴミ)
⑨	レシーバ		凝縮器で液化された冷媒を溜め、気液分離して、液冷媒のみを自動膨張弁に送り込む
⑩	ファンコントロールスイッチ		高圧側の冷媒圧力が所定の圧力まで上昇すると冷却ファンを運転させ、所定の圧力まで下がると停止させる。これにより冷媒温度を制御する
⑪	凝縮器		高温高圧の冷媒蒸気を冷却し、高圧の液冷媒にする
⑫	アキュムレータ		液冷媒と蒸気を分離し、液冷媒が冷凍用圧縮機に吸い込まれないようにする
⑬	高圧スイッチ		高圧側の冷媒圧力が所定の圧力に上昇すると冷凍用圧縮機の運転を止める

図2-11 冷凍式エアドライヤの動作原理

2-3 調質機器

● 冷凍式エアドライヤの除湿原理

冷凍式エアドライヤは、冷凍用圧縮機を使用した冷凍回路により圧縮空気中の水蒸気を冷却して凝縮させ、水滴（ドレン）として分離し除湿する方式です。暖かく湿った空気は、空気平衡器プリクーラで冷たく除湿された圧縮空気によって予冷され、冷却室エバポレータへ導かれ、冷たいフロンガスの気化熱により加圧露点 10℃ まで冷却されます。冷却された圧縮空気の水蒸気は凝縮し、水滴となって溜まり、オートドレンによって外部に排出されます。冷却室で冷やされた圧縮空気は、再び空気平衡器レヒータに入り、入口からの暖かい圧縮空気によって再び加熱され、暖かい乾燥空気となって空気出口より出ていきます（図 2-11）。

▶ 2-3-2　FRL ユニット

空気圧回路の入口には、固形異物と水分を除去するフィルタ（F）、回路に必要な圧力を調節するレギュレータ（R）、給油が必要な回路にはルブリケータ（L）が設置されます。これらの機器は、機器単体でも機器を組み合わせてユニットとしても使用できます。ユニットにした場合 FRL ユニット（ルブリケータがない場合 FR ユニット）と呼ばれます（図 2-12）。

▶ 2-3-3　フィルタ

空気圧フィルタは、空気の通路内に含まれているゴミ・水滴等、回路内の機器に悪影響を与えるものを取り除く役目をしています。入口から入った圧縮空気をルーバディフレクタで旋回させ、そのサイクロン効果により比較的大きなゴミや水滴を分離し、さらにフィルタエレメントにより微小な異物をろ過し、きれいな空気を出口へ送り出します。バッフルプレートは分離されたゴミや水滴が巻き上がるのを防ぎます。水滴はケースの下部に付いているド

❷ フィルタ流量特性
フィルタの特性は流量特性で表されます。空気流量が大きいほど圧力降下が大きくなります。圧力降下が 0.01〜0.02 MPa を目安に機種選定を行います。

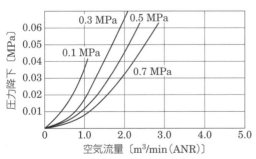

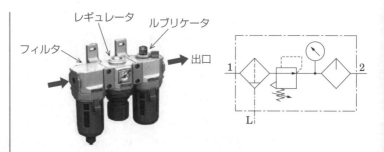

図2-12　FRLユニットと図記号

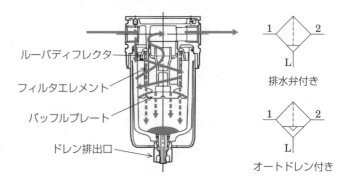

図2-13　フィルタの構造と図記号

レン排出口より外部へ排出されます（**図2-13**）。

▶ 2-3-4　ルブリケータ

　ルブリケータは、バルブやアクチュエータの動作を円滑にし、耐久性を向上させるために給油を行います。ただし無給油仕様の機器にはグリスが封入されており給油は不要となります。
　ルブリケータの構造を**図2-14**に示します。入口から流入した圧縮空気はベンチュリ部（可変絞り）を通り、絞りによって発生した差圧によりケース内の潤滑油を滴下させ、潤滑油は空気とともに出口へ送られます。滴下量は、滴下窓を見ながらニードルを回転させ調節します。ベンチュリ部（**図2-15**）は、流量の大小に応じて作動し流量当たりの滴下油量が一定となる構造となっています。

2-3 調質機器

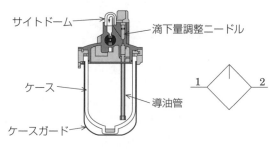

図 2-14 ルブリケータの構造と図記号

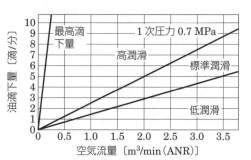

図 2-15 ベンチュリ部

❷ 油滴下量の目安
ルブリケータからの油滴下量の目安は下記となります。

2-4 制御弁

▶ 2-4-1 圧力制御弁

空気圧システムにおいて、空気圧力を制御する弁を圧力制御弁と呼び、機能により減圧弁（レギュレータ）、リリーフ弁、安全弁等に分類されます。

● 減圧弁

減圧弁は、圧力制御弁の中でも重要な機能をもち、空気圧源から送られてくる圧縮空気を減圧して2次側の空気圧力を所定の圧力に調整するとともに、1次側圧力が変化したり2次側の空気流量が変動しても、設定圧力の変動を最小に押さえ、安定した圧力の空気を供給します。

減圧弁は構造および機能から、直動形・パイロット形・精密形に分類されます。さらに2次側圧力が設定圧力以上になった場合に、圧力を外部に逃がす機能をもつリリーフ付きとリリーフなしがあります。

● 直動形減圧弁

図2-16に直動形減圧弁の動作原理を示します。

①はハンドルを回す前の状態で1次圧力は閉止された状態
②はハンドルを回し2次側に空気を流した状態
③は調圧バネと2次側圧力がバランスした状態
④は2次圧力がリリーフする状態

をそれぞれ表しています。

❶ 直動形減圧弁

レギュレータの流量特性は、空気流量と2次側圧力（設定値）で表されます。設定圧力 0.5 MPa 時に圧力降下 0.1 MPa となった流量値で表す場合もあります。

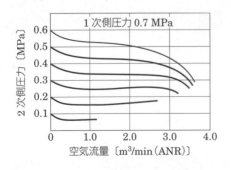

1次側圧力 0.7 MPa
2次側圧力 [MPa]
空気流量 [m³/min (ANR)]

● パイロット形減圧弁

パイロット形減圧弁は、直動形減圧弁の調圧ばねの代わりに空気圧パイロット機構を組み込んだ減圧弁です。空気圧パイロット機構として小型減圧弁を組み込んだものが内部パイロット形減圧弁、外部から圧力を導入するものが外部パイロット形減圧弁と呼ばれます。図2-17

2-4 制　御　弁

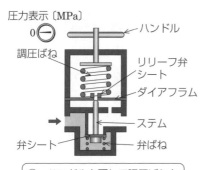
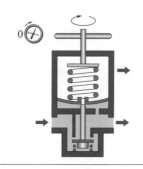

① ハンドルを戻して調圧ばねをフリーにした状態を表している。1次側に入ってきた空気は、弁体が2次側へ通じる通路を閉止しているので、2次側へ流入できずに1次側に閉じ込められている

② ハンドルを回して調圧ばねを圧縮し、弁体を押し下げ、通路が開いた状態を表している

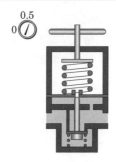
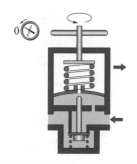

③ 調圧ばね力と2次側圧力がバランスし、1次側と2次側の通路およびリリーフ弁シートの穴が閉止された状態を表している。2次側は調圧ばねの発生力に見合った圧力に設定されている

④ 調圧ばねの力にダイアフラムの押し上げ力が打ち勝って、リリーフ弁とステムが離れ、弁体が通路を閉止し、1次側からの空気の流入が止まり、2次側の増圧分がリリーフ弁シートのリリーフ穴から大気へ流出している

図2-16　直動形減圧弁の動作原理

2章 ■ 空気圧機器の構造と機能

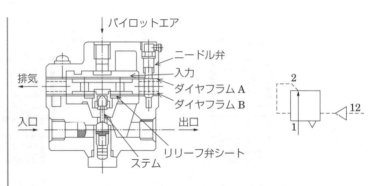

図2-17 パイロット形減圧弁の構造と図記号

に遠隔操作が可能な外部パイロット形減圧弁の構造を示します。

● 精密形減圧弁

❹ 精密形減圧弁
精密形減圧弁を選定する場合には設定圧力範囲が狭いため注意すること。
精密レギュレータは常時空気を大気開放する構造（コンスタントブリード）なので１Ｌ程度の漏れ量があります。

精密形減圧弁は２次側圧力を高精度に調圧する場合に使用されます（**図2-18**）。パイロットダイヤフラムとフラッパがパイロット圧力を微調整することにより、１次側圧力変動および２次側流量変動によらず安定した圧力を２次側に流すことができます。バランス回路（**図2-19**）やテンションコントロール回路に使用する場合には、必要なリリーフ流量をもつことを確認します。

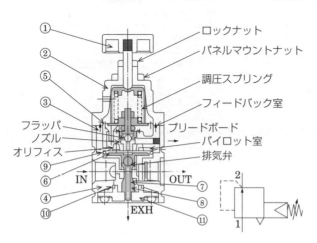

図2-18 精密形減圧弁の構造と図記号

図2-19 バランス回路の使用例

● 減圧弁の特性

　減圧弁の能力を表す特性として流量特性と圧力特性があります。流量特性は、減圧弁に流れる流量と２次側圧力の変化を表し、２次側圧力の低下が少ないものほど優れた減圧弁です。圧力特性は１次側圧力変動と２次側圧力の変化を表し、２次側圧力の変化が少ないものが優れています。**表2-6**に代表的な特性を示します。

● リリーフ弁

　空気圧回路内の圧力を設定値に保持するために、空気圧の一部または全てを排気する圧力制御弁を**リリーフ弁**と呼びます。急激な圧力の上昇に対して回路の安全や機器を保護するため等

表2-6　減圧弁の特性

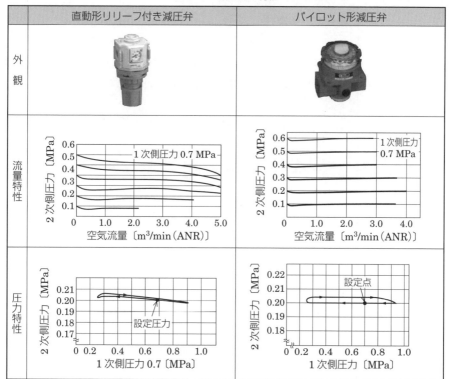

に使用されます（**図2-20**）。

同様な機器として、タンク等に設置され最高使用圧力を限定する安全弁もあります。

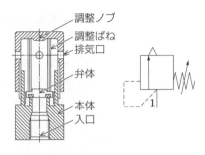

図2-20 リリーフ弁の構造と図記号

▶ 2-4-2 方向制御弁

方向制御弁は圧縮空気の流れを制御するもので、アクチュエータの作動を制御する方向切換弁が代表的であり、その他にチェック弁（逆止弁）、ストップ弁（止め弁）、シャトル弁、急速排気弁等の機器があります。

● **方向切換弁**

方向切換弁は、操作方式、ポートと位置数、弁構造、シール方式等により分類されます。図記号は**図2-21**のように、制御機構には操作方式、弁制御要素にはポートと位置数が表されます。

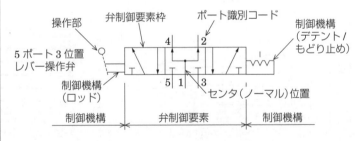

図2-21 方向制御弁の図記号

● **操作方式による分類**

空気の流れ方向を切り換える操作方式により、**表2-7**のように分類されます。
復帰・保持方式の代表的な種類を**表2-8**に示します。

2-4 ■ 制　御　弁

表 2-7　操作方式による分類

操作方式	内　容	外　観	図記号
電磁式	・電気信号で切り換える方式 ・電磁弁・ソレノイドバルブと呼ばれる		
空気圧式	・空気圧信号で切り換える方式 ・マスターバルブ・エアオペレートバルブと呼ばれる		
手動式	・手動操作で切り換える方式 ・手動切換弁・ハンドバルブと呼ばれる		
機械式	・外部力で切り換える方式 ・メカニカルバルブと呼ばれる		

❶ 切換弁の復帰方式
　一般的なパイロット形切換弁におけるシングルソレノイドの復帰方式は、常用圧力においてONとOFFともに応答速度が早いプレッシャリターンとスプリングリターンの併用が多い。3位置弁はスプリングリターン構造となっている。

表 2-8　切換弁の復帰・保持方式

復帰・保持方式	内　容	記　号
スプリングリターン	操作力がない場合、ばね力により弁体をノーマル位置に復帰させる	
プレッシャリターン	操作力がない場合、空気圧により弁体をノーマル位置に復帰させる	
スプリングセンタ	3位置弁において、ばね力により弁体を中央位置へ復帰させる	
デテント	弁体の位置をばね等の機構で保持させる	

● ポートと位置数による分類
　ポートは方向切換弁のもつポート数、位置数は弁体のもつ位置数を表し「2ポート2位置弁」「5ポート3位置弁」等の呼び方

空気圧編

1章
2章
3章
4章

表2-9　方向切換弁の呼び方

ポート数/位置数	ノーマルクローズ(NC)	ノーマルオープン(NO)	ポート数/位置数	エキゾーストセンタ(EC)	プレッシャセンタ(PC)	クローズドセンタ(CC)
2/2	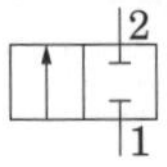	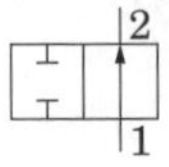	4/3	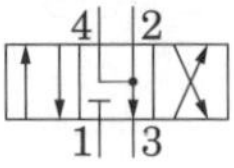	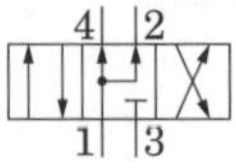	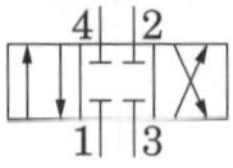
3/2	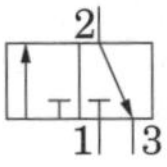	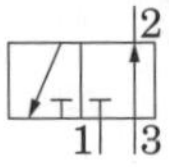	5/3	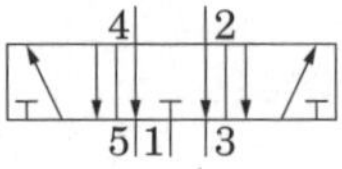	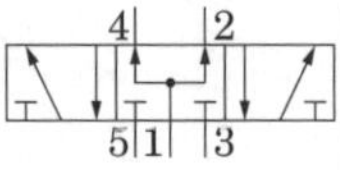	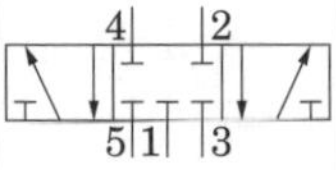

をし、記号では「2/2」（ポート数/位置数）と表します。

2・3ポート2位置弁の図記号と呼び方および、4・5ポート3位置弁の図記号と呼び方を**表2-9**に示します。**ノーマル位置**は非操作位置を指し、ノーマル位置の流路の状態によりそれぞれ呼称があります。回路図はノーマル位置から機器間の流路をつないでいきます。図記号のポート数字は、ポート識別コードと呼ばれ、JIS B 8380により決められています。実際の回路図では省略される場合もあります。

❶ スプール弁の種類
　スプール弁には、パッキンを使用する弾性体シール方式（ソフトパッキン方式）と、メタルシール方式があります。現在では弾性体シール方式が主流です。

● **弁構造による分類**

方向切換弁は弁構造により、**ポペット弁、スプール弁、滑り弁**（スライド弁）に分類されます（**図2-22**）。ポペット弁は、弁体の動作ストロークが短くても大きな流量を流すことができシール性も高いですが、弁体を操作するために大きな力が必要になりま

ポペット弁

弁座に直接、軸方向へ蓋をして空気の流れを止めたり、この蓋を弁座から離して弁を開いたりする

スプール弁

スリーブ(筒)の中をスプールが移動して、流体の流路を切り換える

滑り弁(スライド弁)

摺動板のスライド面と固定側の面との位置関係の変化より、流路を切り換える

図2-22　切換弁の弁構造による分類

2-4 制 御 弁

❗ メタルスプール弁
メタルスプール方式の弁は、メーカによっては給油が必要な製品があり、またろ過度 0.3 μm フィルタの設置が必要な場合があるので確認すること。

❗ ソレノイド電圧
ソレノイドは AC ソレノイドと DC ソレノイドに分けられます。いずれも供給電圧は定格電圧の ±10 % とされています。

す。スプール弁は、スプールに複数のシール部と流路をもたせることができ、多ポート弁に用いられます。滑り弁には、弁体が往復運動するタイプと回転運動のタイプがあります。

● **直動形とパイロット形電磁弁**
電磁操作形切換弁（以下、電磁弁）には、ソレノイドが直接スプールを操作する **直動形**（図 2-23）と、電磁弁内部の空気圧力（パイロット圧力）をソレノイドで切り換えて空気圧でスプールを操作する **パイロット形**（図 2-24）があります。

● **電磁弁の特性**
方向切換弁の特性には、流量特性、圧力範囲、温度範囲、応答時間、空気漏れ量、耐久性等があります。流量特性は、音速コンダクタンスと臨界圧力比で表されるのが一般的で、従来は有効断面積が使われていました。この値が大きいほど多くの流量を流すことができます。

圧力範囲は直動形で 0 ～ 1.0 MPa、パイロット形で 0.2 ～ 0.7 MPa が多く見られます。シリンダ駆動回路の圧力は 0.4 ～ 0.7 MPa が多く、一般的な電磁弁はこの圧力範囲を満たす設計と

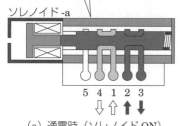
(a) 通電時（ソレノイド ON）

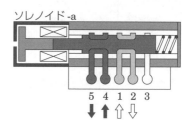
(b) 非通電時（ソレノイド OFF）

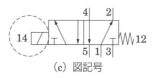
(c) 図記号

図 2-23　直動形電磁弁

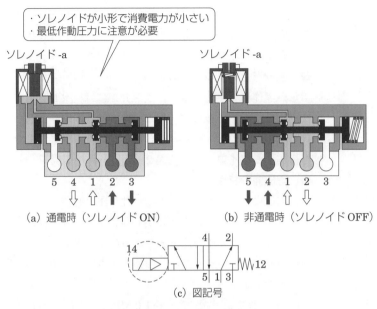

図 2-24　パイロット形電磁弁

❷ サージ電圧

ソレノイドは通電から非通電にするとコイルからサージ電圧が発生します。これにより制御機器が誤動作する場合があります。これを防止するためにサージアブソーバ（サージキラー）を使用します（多くの電磁弁には内蔵されています）。

なっています。

　温度範囲は一般的に $-5 \sim 60℃$ であり、切換弁を設置する周囲温度と使用する空気温度も含めて称されます。

　応答時間は電磁弁の動的性能を表しています。電磁弁のソレノイドに通電を開始してから流路が切り換わり、圧力が立ち上がるまでの時間を指します。10 msec〜数十 msec までが一般的な応答時間です。

　空気漏れ量は弁構造によって異なり、メタルシール弁では数百 cm^3/min、弾性体シール弁では $10\ cm^3/min$ 程度を許容しています。

　耐久性は中型弁で 500 万回程度といわれていますが、2000 万回以上の耐久性を持つ商品もあります。電磁弁の寿命は、漏れ量の増加、作動圧の上昇、応答性の悪化等で判定されますが、使用する空気の質が大きく影響するため、空気質の管理に注意します。応答時間を**図 2-25**、電磁弁仕様表示例を**表 2-10** に示します。

2-4 ■ 制　御　弁

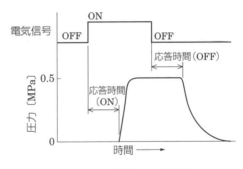

図 2-25　電磁弁の応答時間

表 2-10　電磁弁仕様表示例

項　目	内　容
弁の種類と操作方式	パイロット式ソフトスプール弁
使用流体	圧縮空気
最高使用圧力〔MPa〕	0.7
最低使用圧力〔MPa〕	0.2
耐圧力〔MPa〕	1.05
周囲温度〔℃〕	－5 ～ 60（凍結なきこと）
流体温度〔℃〕	－5 ～ 60
手動装置	ノンロック・ロック共用形（標準）
パイロット排気方法	主弁・パイロット弁集中排気形
給油	不要
保護構造	防塵
耐振動〔m/s²〕	50 以下
耐衝撃〔m/s²〕	300 以下
雰囲気	腐食性ガス雰囲気での使用は不可

❶ 電磁弁マニホールド
マニホールドとは複数のバルブを搭載し、給気や排気ポートを集合させたものです。マニホールドには金属ベース・樹脂分割ベース等、様々な形態が用意されています。

● 電磁弁マニホールド

　複数の電磁弁を使用する場合には、**図 2-26** の電磁弁マニホールドが使用されます。マニホールドベース内部には共通の給気ポートと排気ポートが設けてあり、配管の簡素化、取付け工数、設置スペースの削減が図れます。また電磁弁への配線を集合化した集中配線形や、配線を削減した省配線形も多く使用されます。

2章■空気圧機器の構造と機能

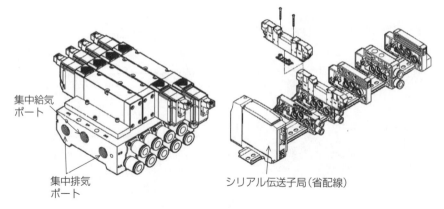

図2-26　電磁弁マニホールド

▶ 2-4-3　速度制御弁（流量制御弁）

　速度制御弁は、流量制御弁とチェック弁が並列回路で構成された機器で、アクチュエータの速度を制御する場合に使用されます。絞り弁を通る空気を**制御流れ**と呼び、ニードルにより流量が調整されます。また、チェック弁を通る空気を**自由流れ**と呼び、流量は調整されません。

● メータアウト制御とメータイン制御

　アクチュエータと速度制御弁の組合せにより、**メータアウト制御**と**メータイン制御**の2種類があります（**図2-27**）。通常はア

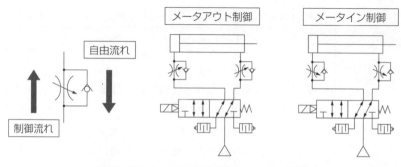

図2-27　メータアウト制御とメータイン制御

クチュエータの速度制御性が良好なメータアウト制御を使用します。

● 速度制御弁の構造

シリンダの配管ポートに直接接続するタイプの構造を**図 2-28**に示します。

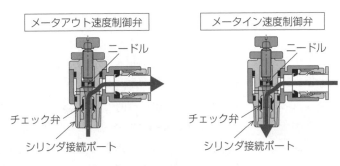

図 2-28　速度制御弁の構造

● 速度制御弁の特性

速度制御弁の仕様例を**図 2-29**に示します。自由流れと制御流れを、アクチュエータ駆動に必要となる有効断面積から求めて選定します。速度を調整するニードルの回転数と流量の特性の直線性がよいほど速度制御性はよいといえます。

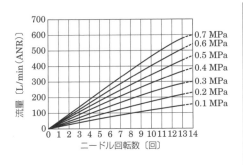

仕様

項　目		SC3R-M5
使用流体		圧縮空気
最高使用圧力〔MPa〕		1.0
最低使用圧力〔MPa〕		0.05
耐圧力〔MPa〕		1.5
流体温度〔℃〕		5～60 (ただし、凍結なきこと)
周囲温度〔℃〕		0～60 (ただし、凍結なきこと)
接続口径		M5
質量〔g〕		14
適用シリンダチューブ内径〔mm〕		φ6～φ16
ニードル回転数〔mm〕		11
自由流れ	流量〔L/min(ANR)〕	80
	有効断面積〔mm^2〕	1.2
制御流れ	流量〔L/min(ANR)〕	47
	有効断面積〔mm^2〕	0.7

図 2-29　速度制御弁の仕様表示例

2-4-4 比例制御弁

比例制御機器は、入力信号に比例した圧力・流量を出力する機器です。電気信号により圧力・流量を制御することができるため、アクチュエータの推力制御や速度制御、液体圧送制御等に使用されるのが一般的になってきました。

● 比例圧力制御弁

比例制御弁の中でも比例圧力制御弁（電空レギュレータとも呼ばれます）は多く使用されています。従来はノズルフラッパ方式や比例ソレノイド方式が使われていましたが、現在では電磁弁ON‐OFF方式が一般的に使用されるようになりました。

● 電磁弁ON‐OFF方式

図2-30にブロック図を、図2-31に動作原理を示します。パイロット減圧弁部には給気用電磁弁と排気用電磁弁が備えられ、設定したパイロット圧力になるように制御回路から駆動されます。減圧弁2次側の圧力センサからのフィードバック信号は、制御回路へ入り設定した圧力を保持します。

❶ 電空レギュレータへの信号

電磁弁ON-OFF方式の電空レギュレータは専用コントローラが不要で、DC 0～10 V電圧信号または5～40 mA電流信号で駆動することができます。

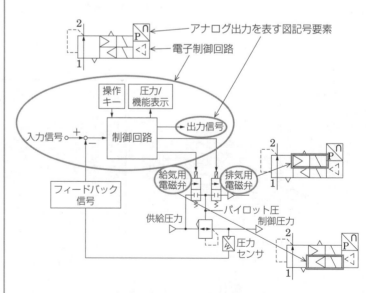

図2-30　ブロック図と図記号

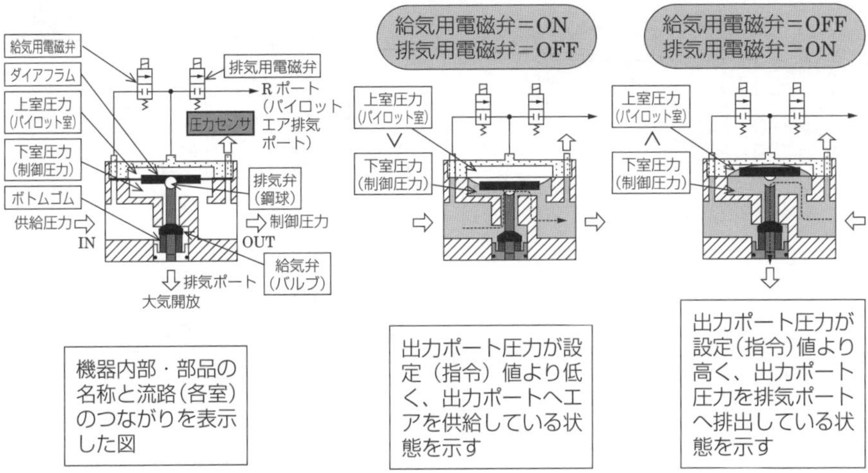

図 2-31　動作原理

▶ 2-4-5　補助機器類

　補助機器類は、空気圧回路で補助的な役割として使用される機器類です。

● **急速排気弁**

　急速排気弁は、アクチュエータを早く作動させたい場合に使用します。通常の回路ではアクチュエータを作動させる速度に合わせた配管と機器を選定する必要がありますが、急速排気弁を使用すれば回路はそのままでアクチュエータの作動速度を早くすることができます。回路例と作動説明を**図2-32**に示します。

● **サイレンサ（消音器）・排気フィルタ**

　空気圧回路において圧縮空気は、アクチュエータの出力で使われたあと大気中に放出されます。「大気中に放出されるとき排気音が生じる」、「空気圧機器の潤滑剤や給油ラインの場合には、オイルミストの含まれた空気が排出される」等、作業環境に悪影響を及ぼすことから、排気口にはサイレンサや排気フィルタを使用します。

2章 ■ 空気圧機器の構造と機能

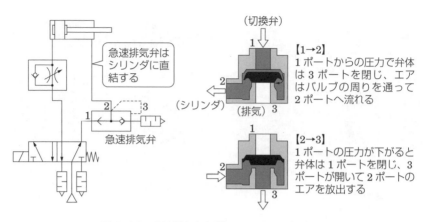

図 2-32　急速排気弁を使用した回路・動作説明

● サイレンサ

サイレンサは、吸音材に多孔質樹脂材を使用した構造が多く、圧縮空気を膨張させ広い断面積から放出することで流速を下げて、多孔質材により吸音させ大気へ放出します。**図 2-33** に構造例を示します。カバーおよび本体は樹脂製で、配管は電磁弁の排気ポートに直接ねじ込む構造としてあり、排気ポートサイズに必要な流量を確保しています。性能は、有効断面積と消音特性で表されます。

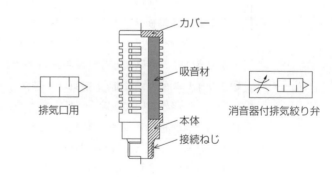

図 2-33　サイレンサの構造と図記号

2-5　空気圧シリンダ

　空気圧シリンダは、圧縮空気のエネルギーを直線運動に変換する機器です。圧縮空気があれば安価に直線運動を得ることができるため、産業分野において多く使用されています。

▶ 2-5-1　空気圧シリンダの構造

　空気圧シリンダは、種類が多く構造もさまざまで、使用目的に応じて一般的なものから特殊な構造なものまで数多く製造されています。

● シリンダの構造

　最も一般的な JIS B 8368-1 に規定されるタイロッド形シリンダの構造例を**図2-34**に示します。

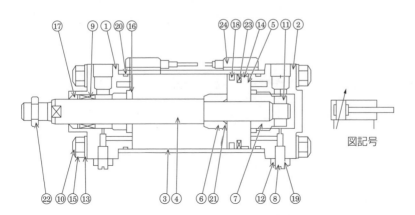

①	ロッドカバー	⑨	クッションバルブ	⑰	ロッドパッキン
②	キャップ	⑩	タイロッド	⑱	ピストン
③	シリンダチューブ	⑪	ピストンナット	⑲	クッションバルブパッキン
④	ロッド	⑫	ロックナット	⑳	シリンダチューブガスケット
⑤	ピストン	⑬	ばね座金	㉑	ピストンガスケット
⑥	ロッド側クッションリング	⑭	ウェアリング	㉒	ロッド先端ナット
⑦	キャップ側クッションリング	⑮	タイロッドナット	㉓	磁石
⑧	ブシュ	⑯	クッションパッキン	㉔	スイッチ

図2-34　タイロッド形シリンダの構造と図記号

▶ 2-5-2　空気圧シリンダの種類

空気圧シリンダは、作動方式により単動形と複動形に分類され、出力軸の種類により片ロッドと両ロッドに分けられます。

● 単動形シリンダ

単動シリンダは、ピストンの片側に圧力を給気して一方向に出力し、戻り側は内部スプリングで復帰します。一方向だけの空気消費量で作動させることができます。切換弁は3ポート弁を使用することで作動可能ですが、「スプリングの反力分を推力からロスする」、「速度調整が難しい」等の欠点があります。**図2-35**に構造と図記号、**図2-36**に駆動回路を示します。

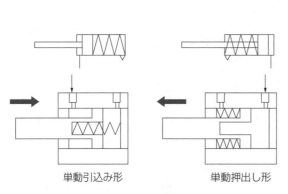

図2-35　単動シリンダの構造と図記号

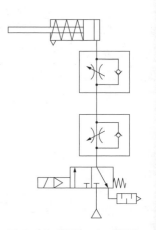

図2-36　単動シリンダ回路

● 複動形シリンダ

複動シリンダは、ピストンの両側に交互に圧力を供給・排気することで往復運動を行います。最も一般的なシリンダであり種類も多く、速度制御性は良好です。**図2-37**に構造と図記号を**図2-38**に駆動回路を示します。

▶ 2-5-3　シリンダの取付け形式

シリンダを設置する様式は、シリンダ出力の形態により取付け

2-5 ■空気圧シリンダ

表2-11　シリンダ金具の種類

負荷の運動方向	取付け形式		構造例	備　考
負荷が直線運動をする	フート形	軸方向フート形（外向き）LB	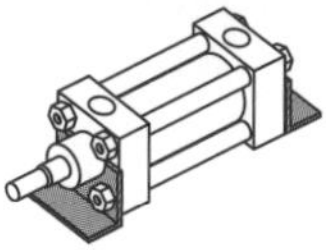	最も一般的で簡単な取付け方法。主として軽負荷用である
		軸方向フート形（内向き）LB	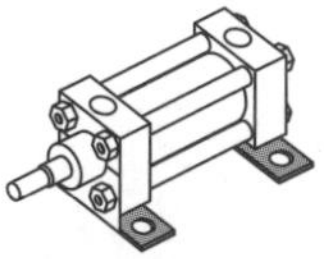	
	フランジ形	ロッド側フランジ形（ISO：ヘッド側フランジ形）FA	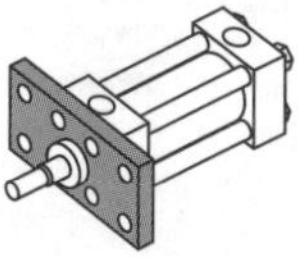	最も強力な取付けができる。負荷の運動方向と軸心を一致させること
		ヘッド側フランジ形（ISO：キャップ側フランジ形）FB	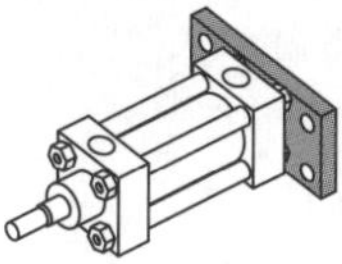	
負荷が1平面内で揺動する。（直線運動の場合で少しでも揺動する可能性がある場合）	ピボット形	分離式アイ形 CA	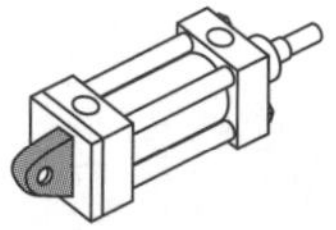	負荷の揺動方向とシリンダの揺動方向を一致させ、ピストンロッドに横荷重をかけないこと。揺動運動するのでシリンダが周囲に接触しないようにする
		分離式クレビス形 CB	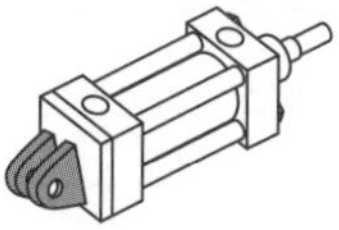	
	トラニオン形	ロッド側トラニオン形（ISO：ヘッド側トラニオン形）TB	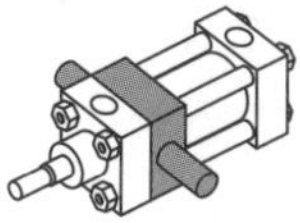	
		中間トラニオン形 TC	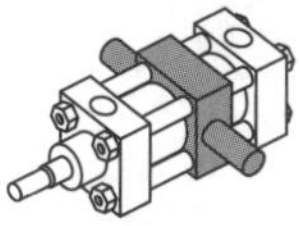	
		ヘッド側トラニオン形（ISO：キャップ側トラニオン形）TB	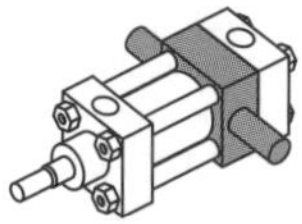	

金具を含めてさまざまな取付け方法が用意されています。シリンダ金具の種類を**表2-11**に、使用例と取付け方法を**図2-39**に示します。

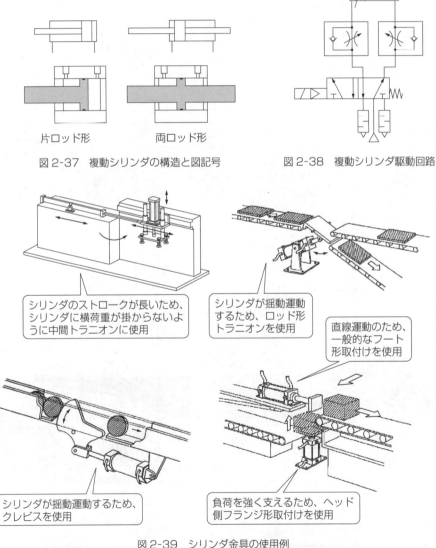

図2-37　複動シリンダの構造と図記号

図2-38　複動シリンダ駆動回路

シリンダのストロークが長いため、シリンダに横荷重が掛からないように中間トラニオンに使用

シリンダが揺動運動するため、ロッド形トラニオンを使用

直線運動のため、一般的なフート形取付けを使用

シリンダが揺動運動するため、クレビスを使用

負荷を強く支えるため、ヘッド側フランジ形取付けを使用

図2-39　シリンダ金具の使用例

▶ 2-5-4 シリンダのクッション機構

シリンダは動作する場合、大きな慣性力をもったピストンがストロークエンドで停止するときの衝撃を吸収するクッション機構を備えています。小形や短ストロークシリンダではゴムクッションを、中大形やロングストロークではエアクッションを備えているものが多いです。図記号を図2-40に、エアクッションの動作原理を図2-41に示します。エアクッションは、ストロークエンド手前で空気の排出通路を塞いでクッションニードルに導き、調整量に応じて運動エネルギーを空気の圧縮エネルギーに変換して減速させます。製品仕様に許容吸収エネルギーが記載されているため確認が必要です。仕様を超える場合には、ショックアブソーバ等の緩衝器を設置します。

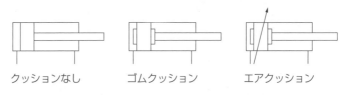

図2-40　クッションの種類と図記号

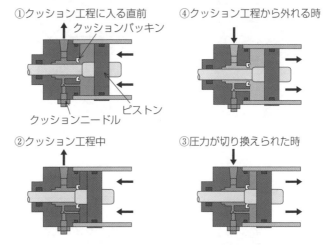

図2-41　エアクッションの動作原理

▶ 2-5-5　各種シリンダ

● スイッチ付きシリンダ

　シリンダのピストンロッド位置を確認するためには、リミットスイッチ、近接スイッチ、光電スイッチ等さまざまな方法がありますが、一般的なシリンダには専用の磁気近接スイッチ（シリンダスイッチ）が用意されています。シリンダのピストンに磁石が内蔵され、シリンダチューブに取り付けたスイッチによってピストンの位置を検出します。シリンダスイッチには機械接点をもつ有接点シリンダスイッチ（**図 2-42**）と、ホール素子等の半導体を使用した無接点シリンダスイッチ（**図 2-43**）の2種類があります。近年では、シーケンサとの接続性や信頼性の高い無接点式が多く使用されています。シリンダスイッチの図記号を**図 2-44**に示します。

> **❶ シリンダスイッチの配線**
> 　2線式シリンダスイッチに負荷を接続しない状態で電源に接続するとスイッチに過電流が流れ破損します。PLCやリレー等、負荷を接続して使用します。

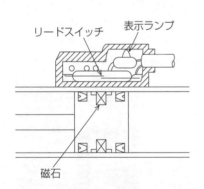

図 2-42　有接点シリンダスイッチ

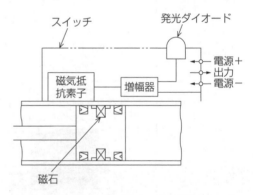

図 2-43　無接点シリンダスイッチ

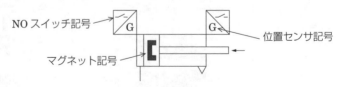

図 2-44　スイッチ付きシリンダ図記号

2-5 空気圧シリンダ

● ガイド付きシリンダ

一般形シリンダはピストンロッドの耐横荷重が小さく、多くの場合外部にガイド機構等を設けて使用されます。シリンダにガイドロッド(**図2-45**)やリニアガイド(**図2-46**)を内蔵したものが製品化されています。リニアガイド内蔵シリンダは、耐モーメント荷重が大きく、直線運位置精度が高いことから、Z軸(垂直軸取付け)方向動作や位置決め等の用途で使用されます。

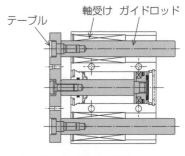

図2-45 ガイドロッド付きシリンダ

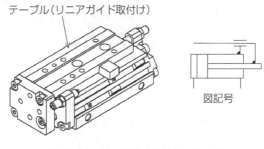

図2-46 リニアガイド付きシリンダ

● ロッドレスシリンダ

ロッドレスシリンダは、ピストンロッドのかわりにテーブルを備え、磁石でピストンとテーブルを結合させるマグネット形(**図2-47**)、インナーシールでシリンダチューブのスリットをシールさせて運動するスリットチューブ形(**図2-48**)があります。マグネット形は磁石による結合のため、一定以上の外力でピストンとスライダが分離します。スリットチューブ形はインナーシール部からのエア漏れがあります。スリットチューブ形ロッドレスシリンダを中間停止させて使用する場合にはセンタクローズ形3位置弁の回路ではなく、センタプレッシャ形3位置弁の回路を使用します。

> ❶ 最低作動圧力
> マグネット形ロッドレスシリンダは最低作動圧が一般形シリンダより高い(0.2〜0.3 MPa)ために注意が必要です。この方式は抵抗値が高いといえます。

> ❷ ロッドレスシリンダの設置
> ロッドレスシリンダは、(ストローク/シリンダ全長)が大きく長い距離を作動させる場合に多く使用されます。ストロークが長い場合には、シリンダ中間部にも取付け金具を使用します。

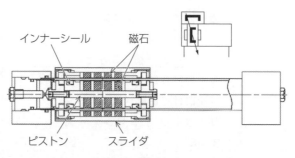

図2-47 マグネット形ロッドレスシリンダ

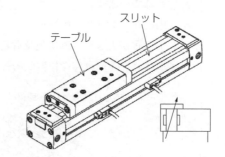

図2-48 スリットチューブ形ロッドレスシリンダ

● ロック付きシリンダ

非常停止時に空気圧源や電源が停止した時に、ピストンロッドが落下するのを防止する場合には**図2-49**のロック付きシリンダを使用します。

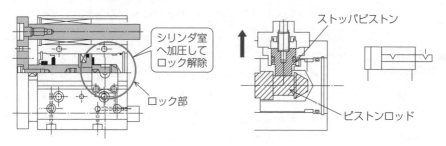

図2-49 ロック付きシリンダ

● ブレーキ付きシリンダ

空気圧シリンダをストローク途中で確実に位置保持させる必要

2-5 空気圧シリンダ

●ブレーキ解除原理

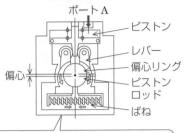

ポートAにより給気すると下部のピストンが押されて、レバーを開きレバーに直結した偏心リングが回転して、ピストンロッドはフリーとなる

●ブレーキ作動原理

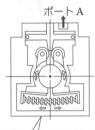

ポートAにより排気するとばね力によって偏心リングが回転して偏心荷重を発生し、ピストンロッドにブレーキをかける

図2-50　ブレーキ付きシリンダの動作原理

がある場合にブレーキ付きシリンダを使用します。ブレーキ付きシリンダを使用すれば、機械的にピストンロッドをロックする機構をもつために、エア回路による中間停止回路より安全に位置保持することができます。**図2-50**にブレーキ付きシリンダの動作原理を示します。ブレーキ部にエアを供給するとロック機構が開放され、エアが排気されるとロック機構が作動しピストンロッドを保持します。非常停止信号でブレーキ操作エアが排気され、ピストンロッドがロックされ安全が確保されます。ブレーキ付きシリンダは再起動させる時、ピストンロッドの飛び出し現象が起きないように、**図2-51**のバランス回路で使用されます。

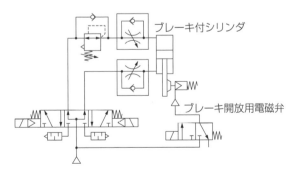

図2-51　ブレーキ付きシリンダ回路

2-6 その他アクチュエータ

直線作動する空気圧アクチュエータ以外に、揺動運動をする揺動形アクチュエータ、連続回転運動をするエアモータ、シリンダをなめらかに停止させるためのショックアブソーバのほか、搬送に使用するエアグリッパ、真空吸着システム等があります。

▶ 2-6-1 揺動形アクチュエータ

出力軸またはテーブルを持ち、定められた範囲内を往復揺動するアクチュエータを揺動形（またはロータリ）アクチュエータと呼びます。電気モータを使用した場合と比べ、小形、高トルク、制御性が容易であり空気圧のメリットが得られるアクチュエータといえます。

揺動形アクチュエータは、直接回転運動する構造のものと、シリンダの直線運動をラックピニオンで回転力に変換した構造のものに分類されます。

● ベーン形アクチュエータ

直接回転運動する代表的な方式は**図2-52**に示すベーン形です。シングルベーン形とダブルベーン形があり、ベーン形は小形・軽量ですが内部漏れがある等の特徴があります。

> ❶ 揺動角度と出力トルク
> シングルベーン形の揺動角度は90°・180°・270°、ダブルベーン形は90°となります。ダブルベーン形の出力トルクは同じサイズのシングルベーン形の約2倍となります。

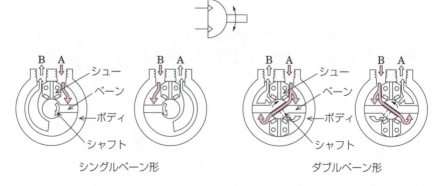

図2-52　ベーン形アクチュエータ

2-6 その他アクチュエータ

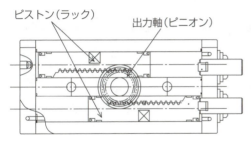
ピストン（ラック）
出力軸（ピニオン）

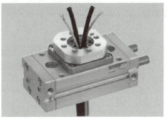

図2-53　ラックピニオン形アクチュエータ

❗ロータリテーブルの特徴
　ロータリテーブルは、テーブル取付け部に高剛性ガイドが内蔵される、回転端のストッパ位置調整機構、ショックアブソーバ付等が選択できます。

● ラックピニオン形アクチュエータ

　ラックピニオン形は、ピストンの推力を回転トルクに変換する直線運動シリンダと同様に、クッション機構、シリンダスイッチ、ショックアブソーバや角度調節機構が内蔵された製品もあります。図2-53は出力に回転テーブルをもちロータリテーブルとも呼ばれます。回転テーブルには回転軸受が組み込まれ、直接負荷を搭載することができるとともに、テーブルには中空穴が設けられており配管や配線を通すこともできます。

▶ 2-6-2　ショックアブソーバ

　ショックアブソーバ（緩衝器）は、移動する負荷を滑らかに停止させる場合に使用されます。リニアガイド内蔵シリンダで小形・短ストロークのものは大きな負荷の高速作動に使用される場合があり、シリンダの吸収エネルギーだけでストローク終端での運動エネルギーを吸収できないためにショックアブソーバを使用します。シリンダ負荷の運動エネルギーは速度の2乗に比例することより、シリンダを高速で作動させる場合にもショックアブソーバの使用を検討する必要があります。

● ショックアブソーバの構造と原理

　図2-54に代表的な油圧式ショックアブソーバの構造と作動原理を示します。

2章 ■ 空気圧機器の構造と機能

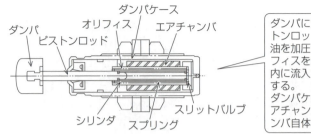

図2-54 ショックアブソーバの構造

● ショックアブソーバの特性

　ショックアブソーバの特性は、最大吸収エネルギー、ストローク、最大衝突速度等がありますが、ストロークと抗力の特性も確認する必要があります。**図2-55**にストロークと抗力の例を、**図2-56**に選定手順例を示します。

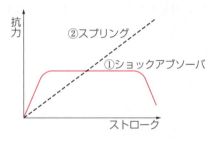

図2-55 ストロークと抗力

▶ 2-6-3　エアグリッパ（空気圧ハンド）

　エアグリッパは空気圧ハンドや空気圧チャックとも呼ばれ、自動化装置においてワークを把持する場合等に使用されます。

● エアグリッパの種類

　シリンダと同様にバネや外力により復帰する単動形、開閉ともに空気圧により駆動される複動形があります。また把持するフィンガ（爪）の動作により、平行グリッパ、支点グリッパ、円筒形状ワークの内径を把持する内径グリッパ、外径を把持する外径グリッパ等の種類があります（**図2-57**）。

> ❶ エアグリッパ駆動回路
> 　エアグリッパの駆動回路は、電源遮断時とエア遮断時のワーク落下対策を検討する必要があります。2位置自己保持回路とチェック弁等。

2-6 その他アクチュエータ

> **例題** 左図の条件において負荷 M を滑らかに停止させるショックアブソーバを選定します。
>
>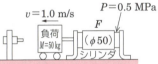
>
> ① 負荷の運動エネルギー (E_1) を計算
> $$E_1 = \frac{1}{2} \cdot M \cdot v^2 = \frac{1}{2} \cdot 50 \cdot 1^2 = 25 \text{ J}$$
>
> ② シリンダの推力エネルギー (E_2) を計算
> $$E_2 = F \cdot S = \frac{\pi}{4} \cdot 50^2 \text{[mm]} \cdot 0.5 \text{[MPa]} \cdot 0.02 \text{[m]}$$
> $$= 19.6 \text{ J} \quad (S_t はショックアブソーバのストローク)$$
>
> ③ 全吸収エネルギー ($E = E_1 + E_2$) を計算
> $$E = E_1 + E_2 = 25 + 19.6 = 44.6 \text{ J}$$
>
> ④ 衝突物相当質量を計算
> $$Me = 2 \cdot \frac{E}{v^2} = 2 \cdot \frac{44.6 \text{[J]}}{1.0^2} = 89.2 \text{ kg}$$
>
> ⑤ ショックアブソーバの選定
>
> ショックアブソーバの最大吸収エネルギー＞全吸収エネルギー③
> ショックアブソーバの衝突物相当質量＞衝突物相当質量④

図 2-56　ショックアブソーバの選定手順例

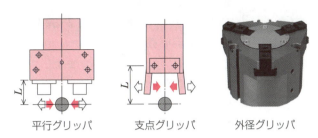

図 2-57　エアグリッパの種類

図記号は**図 2-58**に示すように、単動と複動、外側と内側、近接スイッチ（シリンダスイッチ）付き等に区別して表されます。

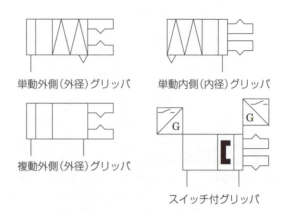

図2-58　エアグリッパの図記号

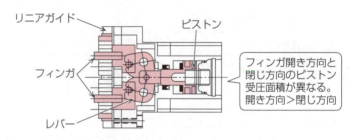

図2-59　エアグリッパの構造

● エアグリッパの構造

平行グリッパの構造例を**図2-59**に示します。シリンダの推力を受ける回転機構によりピストンの運動方向を垂直方向に変換し、推力をフィンガ部に伝えます。フィンガ部は長期間使用によるガタを防止する目的でリニアガイドやクロスローラガイド等高剛性・高精度ガイドを使用するタイプが多く使われます。

● エアグリッパの把持力

エアグリッパの把持力は供給圧力に比例して大きくなりますが、爪の長さ（オーバハング）を長くした場合には低下します。また、把持方向によりピストン受圧面積が異なり把持力が違うことに注意します。**図2-60**に把持力性能データ例を示します。

2-6 ■ その他アクチュエータ

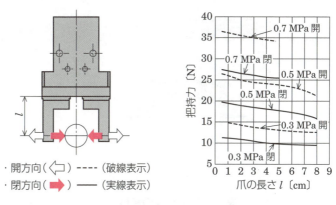

図2-60 エアグリッパの把持力

▶ 2-6-4 真空システム機器

> **真空吸着**
> 真空吸着は、圧縮空気だけで（エジェクタシステムの場合）容易に構成することができます。機械的なハンドリングが難しいシートや板・袋類・ダンボール等のワークを搬送する場合に適しています。

真空システムは、ワークを真空吸着し搬送する場合等に使用される空気圧回路の1つです。真空圧源は、正圧（圧縮）空気により真空を発生するエジェクタ（真空発生器）または、電動駆動される真空ポンプが使用され、それぞれエジェクタシステム、真空ポンプシステムと呼ばれます。真空システムの回路例を図2-61に、エジェクタの構造を図2-62に、真空システム機器の図記号を図2-63に示します。

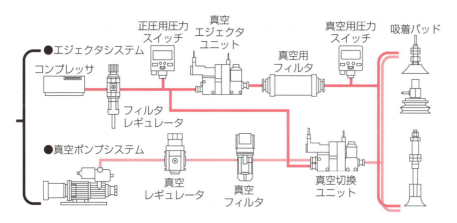

図2-61 真空システムの回路例

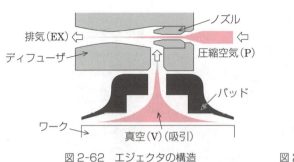
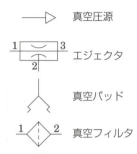

図2-62　エジェクタの構造　　　図2-63　真空システム機器の図記号

● エジェクタの特性

　エジェクタにより発生する真空圧力（真空度）は供給圧力に比例し、吸入流量に反比例します。エジェクタの機種選定は必要な真空圧力と吸入流量により行います。**図2-64**にエジェクタの特性表示例を示します．

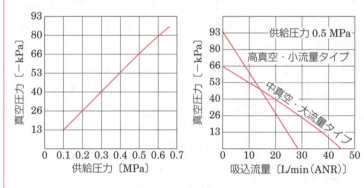

図2-64　エジェクタの特性表示例

● 真空パッド

　真空パッドは、吸着するワークの形状、サイズ、状態を確認したうえで選択します。**図2-65**に真空パッドの用途例を示します．

2-6 その他アクチュエータ

厚くて平らなワーク

標準タイプ

食品等の入ったワーク

ベローズタイプ

図2-65 ワークと真空パッドの例

● **真空パッドの理論吊上げ力**

真空パッドの理論吊上げ力は以下の式により算出し、吊り上げ方法により安全率を加味してサイズを選択します。**図2-66**に計算式を示します。

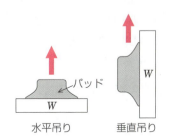

$$W = \frac{C \times P}{101} \times 10.13 \times f$$

W：理論吊上げ力〔N〕、C：吸着面積〔cm^2〕、P：真空圧力〔－kPa〕
f：安全率（水平吊上げ時：1/4以上、垂直吊上げ：1/8以上）

図2-65 真空パッドの理論吊上げ力

3 章 ■ 空気圧回路の基本と応用回路

空気圧編

3章 空気圧回路の基本と応用回路

3-1 空気圧の図記号

❶ 参考資料
図記号の解説書として日本フルードパワー工業会より発行の「空気圧用図記号の実用指針」(JFPS 2011：2006) があります。

この章では、空気圧機器およびシステム機能を図面化するために必要な図記号と基本回路・応用回路について解説します。

▶ 3-1-1 引用規格

引用した主な規格を下記に示します。
- JIS B 0125-1 「油圧・空気圧システム及び機器－図記号及び回路図　第1部：図記号」
- JIS B 0125-2 「油圧・空気圧システム及び機器－図記号及び回路図　第2部：回路図」
- JIS B 0142 「油圧・空気圧システム及び機器－用語」
- JIS B 8370 「空気圧-システム及びその機器の一般規則及び安全要求事項」

▶ 3-1-2 図記号の構成

空気圧図記号は、機能要素、操作要素および外部接続要素等の要素で構成されています。さらにこれらを組み合わせて機器、ユニットおよびシステムの図記号を表します。

複数の機器が組み合わされたユニット機器の例として、**図3-1**に「サーボ弁駆動アクチュエータ」の例を、**図3-2**に「調質ユニット」の例を示します。

一点鎖線で囲われた範囲は、**ユニット**と呼ばれるシステムの構成単位で、**図3-3**に示す「フィルタ付き減圧弁」は実線で囲まれた一体の機器を表しています。

3-1 ■ 空気圧の図記号

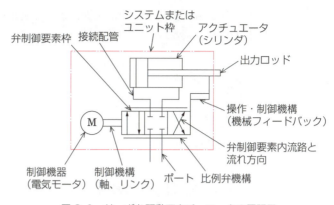

図 3-1　サーボ弁駆動アクチュエータの図記号

❶ ユニット
　「ユニット」は複数の機器からなるシステムの構成単位で、「パッケージ」は完成されたユニットとして用語が使い分けられています。

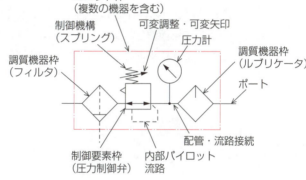

図 3-2　調質ユニットの図記号

❶ 調質ユニット
　2章 p.165 ～ 167「FRL ユニット」～「ルブリケータ」を参照。

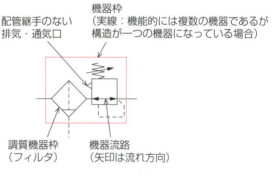

図 3-3　フィルタ付き減圧弁の図記号

図記号に使用する線は用途に応じて**表3-1**から選択して使用します。

表3-1 線の種類と用途

実線	———	供給流路、戻り流路（油圧）、機器囲い、図記号囲い
破線	- - - - - -	内部・外部パイロット流路、ドレン流路（油圧）、フラッシング流路（油圧）、ブリード流路
一点鎖線	—・—・—	複数の要素の囲み枠

▶ 3-1-3 図記号の方向

図記号の方向は90度ごとに回転表示およびミラー表示を行ってもよいとされています（**図3-4**）。調質機器や切換弁の配置は、JISに示される図記号の方向と一致しなくてもよいですが、人力および機械操作部およびアクチュエータの方向は実際の配置に一致するようにすることが望ましいです（**図3-5**）。

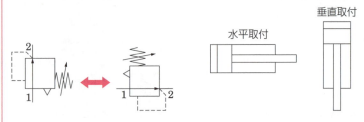

図3-4 図記号の回転　　図3-5 アクチュエータの方向

▶ 3-1-4 識別記号

回路図に使用する識別記号はJIS B 0125-2「油圧・空気圧システム及び機器－図記号及び回路図」に規定されています。図記号内ではこの識別コードを使用します。

● 識別コード

装置、回路、機器は次の表示をします。装置および回路には"1"から始まる連番を使用します。

装置番号　—　回路番号　機器コード　機器番号

3-1 ■空気圧の図記号

● 機器コード

機器の種類には次のコードを使用します。

P：ポンプおよび圧縮機　　A：アクチュエータ

M：原動機　　　　　　　　S：センサ

V：バルブ

Z（および上記以外の文字）：その他

● 機器番号

同じ回路中に同一機器が複数ある場合には "1" から始まる連番を使用します。

例） $\boxed{V1}$, $\boxed{V2}$, …; $\boxed{A1}$, $\boxed{A2}$, …

● 配管の識別コードと配管ライン番号

配管の識別コードには次の記号を使用します。

P：圧力供給ライン

T：排気（タンク戻り）ライン

L：ドレンライン

例）P1, P2, … ; T1, T2, …

▶ 3-1-5　図記号の配置

図記号を図面内に配置する場合、図 3-6 に示すように左側上流、右側下流及び、下側空気圧源・上側末端機器の順に配置します。

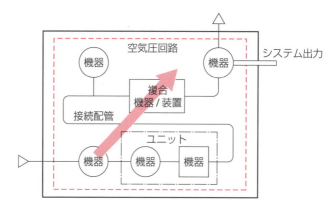

図 3-6　図記号の配置

> ❶ 弁とバルブ
> 流れの状態を制御する機器をいい、複合用語の場合「〇〇〇弁」、総称の場合「バルブ」と呼ばれます。

3-1-6 図記号の基本

● 流路の交差・接続

接続しない流路　　接続する流路　　プラグ

> **急速継手**
> 急速継手は商品名で「カプラ」とも呼ばれ、接続と取外しが容易であることから多く使用されています。

● 急速継手・クイックジョイント

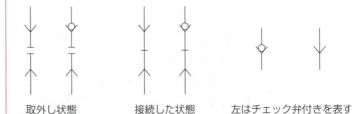

取外し状態　　接続した状態　　左はチェック弁付きを表す

● 空気圧源と油圧源

空気圧縮機　　　　　　空気圧源・油圧源

3-1 ■空気圧の図記号

● メインライン機器の図記号

水冷式　　　　エアドライヤ　　　フィルタ　　　　オイルミスト
アフタクーラ　　　　　　　　　　　　　　　　　　　フィルタ

（Lは排水弁付きを表す）

● 補助機器の図記号

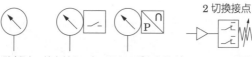 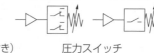

圧力計（真中：接点付き、右：アナログ出力付き）　　圧力スイッチ

  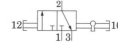

流量計　　　　　遮断弁　　　　　　　残圧排気弁
　　　　　　（止め弁・ストップ弁）　（ロックアウトバルブ）

 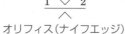

絞り　　　　オリフィス（ナイフエッジ）　　可変絞り

チェック弁　　チェック弁（ばね付き）　　パイロットチェック弁

 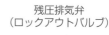

シャトル弁　　　急速排気弁　　　　アンドバルブ

● レギュレータの図記号

 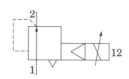

直動形減圧弁　　電気操作パイロット形減圧弁　　リリーフ弁

---

❷ 圧力スイッチの応差

圧力スイッチには機械式と電子式があり、一般的に機械式は応差（圧力上昇と下降時の圧力の差）が大きくなっています。

3章■空気圧回路の基本と応用回路

● 切換弁の図記号

① 手動・機械操作弁

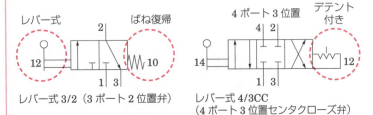

レバー式3/2（3ポート2位置弁）　　レバー式4/3CC
　　　　　　　　　　　　　　　　　（4ポート3位置センタクローズ弁）

② 電気・電磁・空気操作弁

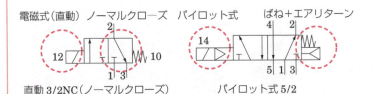

直動3/2NC（ノーマルクローズ）　　パイロット式5/2

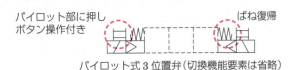

パイロット式3位置弁（切換機能要素は省略）

外部パイロット式　　　　　　　配線を表示する場合
（切換機能要素は省略）　　　　（切換機能要素は省略）

直接パイロット操作　　　　　　電動比例2ポート弁
（切換機能要素は省略）

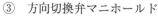

③ 方向切換弁マニホールド

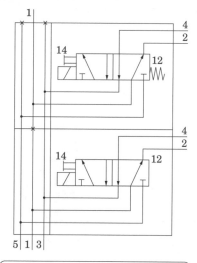

・集中給気・集中排気マニホールド
・切換弁にシリンダ接続ポートを備える

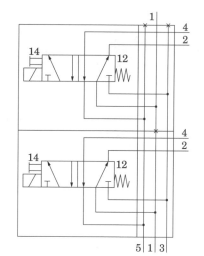

・集中給気・集中排気マニホールド
・マニホールドにシリンダ接続ポートを備える

3章 空気圧回路の基本と応用回路

● アクチュエータの図記号

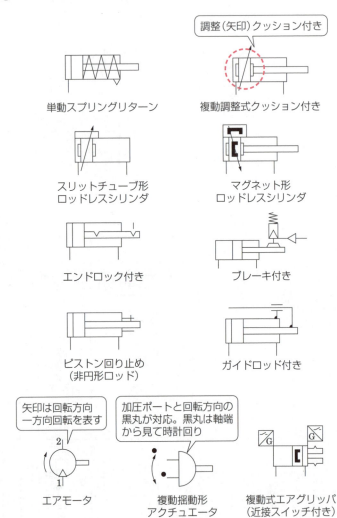

3-2 基本回路

空気圧の基本回路および、構成する機器と記号について解説します。

▶ 3-2-1 給気回路

空気圧システムに供給する圧縮空気は、ドレンやゴミ、油分が除去されている必要があります。これらが十分に除去されていない場合には、「システム内機器の耐久性が悪化する」、「空気圧アクチュエータが安定して作動しない」等の現象が発生します。また、システムに供給される圧縮空気の圧力と流量が確保されていないと、シリンダの推力不足や速度低下等が発生します。

● フィルタとレギュレータ

工場内の空気圧供給口から圧縮空気を取り出してシステムに供給する場合の基本回路を図 3-7 に示します。供給される圧縮空気は、メインラインフィルタとドライヤを通過します。ゴミと水分が除去されていますが、配管内のゴミや配管接続時のシールテープ等の異物がシステム内に混入するのを防ぐために、空気圧回路の入口には必ずフィルタを設置します。フィルタの 2 次側には、システムに必要となる一定の圧力を安定して供給するためにレギュレータを設置します。

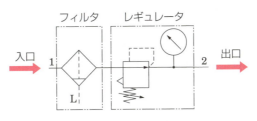

図 3-7　給気回路

● 残圧排気弁

給気回路には、供給空気を遮断してシステム内の残圧を排出する残圧排出弁を設置することが望ましいとされています（図 3-

8）。システムのメンテナンスは、供給空気を遮断し回路内圧力を大気開放してから行います。メンテナンス時に作業者の安全を確保するためには、ロックアウト弁（鍵付残圧排気弁）の使用を検討します。回路に使用するレギュレータは、逆流可能な種類（チェック弁付き減圧弁）を選択します。

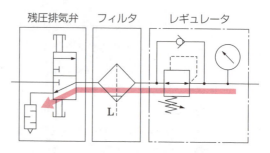

図 3-8　残圧排気弁付きの給気回路

▶ 3-2-2　排気回路

アクチュエータ作動回路における排気回路を**図 3-9**に示します。図の回路において電磁弁に通電すると、シリンダのロッド側空気が電磁弁排気流路を通り、サイレンサ②から排気されます。

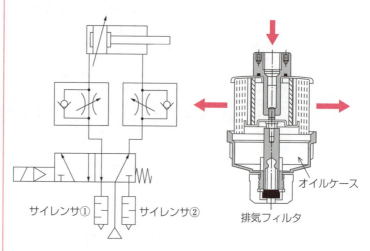

図 3-9　排気回路

3-2 ■ 基本回路

シリンダのサイズが大きい場合や、シリンダ作動速度が速い場合ほど騒音は大きくなるため、排気回路には通常サイレンサを設置します。給油回路や油分が混入している回路の場合には、オイル除去機能の付いたサイレンサ（排気フィルタ）を使用します。電磁弁を多数使用する場合や、排気を室外に行う場合には排気回路を集合させて屋外につながるダクトへ排気を行います。集合排気を行う場合には、排気が他のシリンダ駆動回路に影響を及ぼさないことを確認します。

▶ 3-2-3　単動シリンダ駆動回路

❗ **単動シリンダの推力**
スプリングリターン式単動シリンダの推力はスプリング荷重分差し引かれるために必要な推力を確認します。

単動シリンダは、シリンダの片側に空気圧を供給することにより作動し、空気圧を排気すると内蔵されたスプリングにより復帰します。シリンダの片側へ給気と排気を切り換えることにより作動するため、**図3-10**に示す3ポート弁を使用します。シリンダの速度制御が必要な場合には、給気と排気の流量調整が可能な速度制御弁（メータインアウト速度制御弁）または速度制御弁を2個使用します。

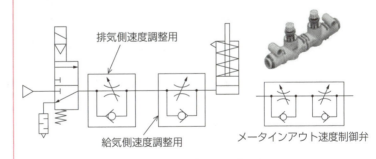

図3-10　単動シリンダ回路

▶ 3-2-4　複動シリンダ駆動回路

複動シリンダは、シリンダの両側に交互に空気圧を給気または排気することにより作動します。シリンダ駆動回路において最も一般的に使用される回路です。**図3-11**に示すシングルソレノイ

ド5ポート弁の場合を説明します。5ポート弁の記号においてスプリング側をノーマル位置と呼び、シリンダのロッド側に給気され、シリンダのキャップ側は排気され、シリダロッドは引き込んだ状態となります。電磁弁に通電すると弁が切り換わりシリンダの各ポートへの給気と排気が逆転して、シリンダロッドを押し出します。

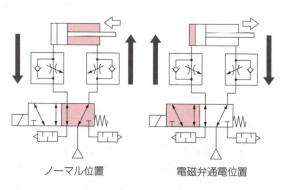

図3-11　複動シリンダ回路

次に図**3-12**に示すダブルソレノイド5ポート弁の場合を説明します。ダブルソレノイド5ポート弁は2つのソレノイドを備え、一方のソレノイドに通電した場合に弁が切り換わり、通電を解除しても弁はその位置を保持します。シリンダは別のソレノイドに通電するまでその位置を保持するために自己保持弁と呼ば

❶ ダブルソレノイド弁の通電時間
　ダブルソレノイド弁はパルス通電でも作動しますが、耐振動・衝撃や通電ランプでの確認等の利点がある連続通電がよいとされます。

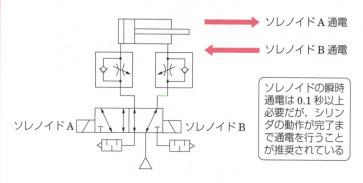

ソレノイドの瞬時通電は 0.1 秒以上必要だが、シリンダの動作が完了まで通電を行うことが推奨されている

図3-12　ダブルソレノイド弁による自己保持回路

れ、電気シーケンスの自己保持回路と同じ使われ方をします。停電や信号線の断線等ソレノイドへの通電が切れた場合に、シリンダがその動作を続ける必要がある場合（クランプ回路や空気圧ハンドによる搬送回路）に使用されます。

▶ 3-2-5　エアモータ駆動回路

エアモータには一方向回転形と正逆回転形があります。一方向回転形には2ポート切換弁（**図3-13**）が使用され、空気圧の供給と停止により回転のON/OFFが、流量調整弁により回転速度が制御されます。正逆回転形の制御には3位置切換弁（**図3-14**）が使用され、それぞれのソレノイドへの通電により正逆回転方向が制御されるが、非通電状態でいったん回転を停止させてから回転方向を切り換えます。

エアモータは構造により給油が必要、空気消費量が多いために生じるシステム内の圧力低下、連続排気による騒音等の留意点があります。

❹ 揺動形アクチュエータとエアグリッパ回路
　揺動形アクチュエータやエアグリッパの駆動回路はシリンダ駆動回路と同じです。

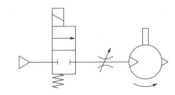

図3-13　一方向エアモータ回路

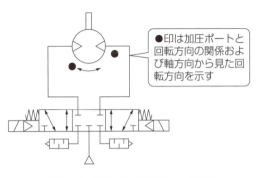

●印は加圧ポートと回転方向の関係および軸方向から見た回転方向を示す

図3-14　正逆回転形エアモータ回路

▶ 3-2-6　速度制御回路

空気圧アクチュエータの作動速度を制御するためには、アクチュエータへの流入流量または排出流量の制御を行います。空気流量の制御には速度制御弁が使用されます。速度制御弁の弁開度を調整することにより、通過する空気流量を可変させてアクチュエータ内に圧力差を発生させ、作動速度を制御します。

● メータイン回路

メータイン回路は、アクチュエータへの空気流入量を調整する方式で、単動シリンダやエアモータの速度制御に使用されます（図3-15）。

● メータアウト回路

メータアウト回路は、アクチュエータからの空気排出量を調整する方式で、複動シリンダの速度制御に使用される基本的な回路です（図3-16）。メータアウト回路は、速度制御弁の開度と速度の比例性、作動開始時の応答性が良好であることから多く使われています。速度制御弁はアクチュエータに直接取り付ける方法が速度制御性に優れます。図3-17のようにアクチュエータと切換弁の間に設置、または切換弁の排気ポートに取り付ける方法もあります。

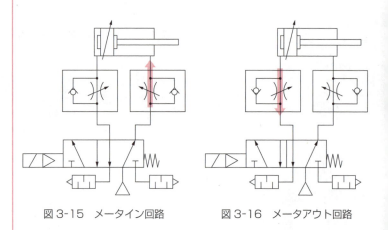

図3-15　メータイン回路　　　図3-16　メータアウト回路

3-2 ■基本回路

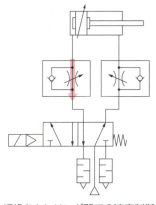
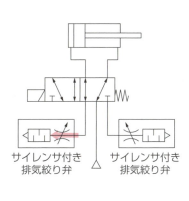

切換弁とシリンダ間での速度制御　　切換弁の排気ポートでの速度制御

図3-17　メータアウト回路の速度制御弁位置

▶ 3-2-7　3位置切換弁による中間停止回路

複動シリンダ駆動回路において、回路によりシリンダをストローク中間で停止させる場合には3位置切換弁による中間停止回路が使用されます。

● クローズドセンタ形3位置弁による中間停止回路

クローズドセンタ形3位置弁は、両方のコイルに通電されない時（ノーマル位置）には、シリンダに接続される2つの流路が遮断され、シリンダの両室の空気は封じ込められた状態となり、シリンダは停止します（**図3-18**）。シリンダ、速度制御弁、配管と切換弁に空気漏れがなければシリンダは停止していますが、空気漏れがあるとシリンダは動きます。この回路は、シリンダの非常停止等、一時的な停止回路に使用されます。

● プレッシャセンタ形3位置弁による中間停止回路

プレッシャセンタ形3位置弁は、ノーマル位置においてシリンダの両ポートに圧力が供給されます（**図3-19**）。駆動するシリンダの押出し側と引込み側の受圧面積が同じ場合には停止します

❶ パイロットチェック弁

クローズドセンタ弁と同じく、中間停止回路にはパイロットチェック弁とエキゾーストセンタ弁を組み合わせたユニットが使用されます。パイロットチェック弁の漏れ許容量が少なく、中間停止時間を長くする場合に使用されます。

3章■空気圧回路の基本と応用回路

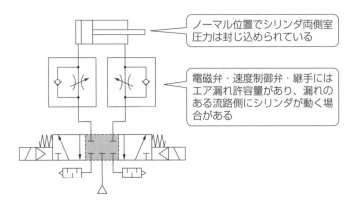

図3-18　クローズドセンタ形3位置弁による中間停止回路

❶ 中間停止回路用レギュレータ

図3-19に使用するレギュレータはチェック弁付きレギュレータです。チェック弁（逆流）回路がない場合にはシリンダの戻り側回路の排気が閉塞してしまいます。

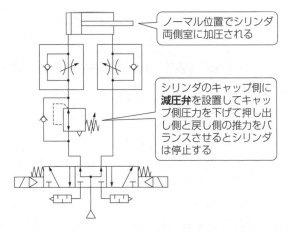

図3-19　プレッシャセンタ形3位置弁による中間停止回路

が、受圧面積が異なる場合にはシリンダは停止しません。負荷の昇降回路やブレーキ付きシリンダの中間停止回路に使用されます。

● **エキゾーストセンタ3位置弁による中間停止回路**

エキゾーストセンタ形3位置弁は、ノーマル位置においてシリンダの両ポートは切換弁の排気ポートと連通し排気されます（**図3-20**）。シリンダが水平に設置される場合は慣性により動いた後停止し、シリンダが垂直に設置される場合には重力により落

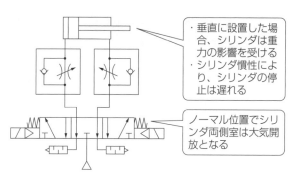

図3-20 エキゾーストセンタ形3位置弁による中間停止回路

下します。中間停止した時、シリンダ両ポートに加圧されないため、扉の開閉用等中間停止後に手動で操作を行う場合等に使用されます。しかし、ノーマル位置から作動開始後にシリンダが急激に作動する（飛出し現象）ために、速度制御弁をメータイン回路で設置するか、飛出し防止弁を設置する必要があります。

▶ 3-2-8 ストッパによる停止回路

ストローク端の停止位置精度が必要な場合には、**図3-21**の外部ストッパによる停止回路を検討します。停止時にはストッパに衝撃が加わるため、ストッパにはショックアブソーバやゴムなど

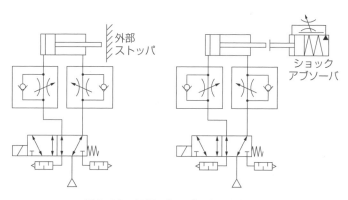

図3-21 外部ストッパによる停止回路

の衝撃吸収手段を取り付ける等の検討をすると共に、ストッパ強度に注意します。

▶ 3-2-9 ブレーキ付きシリンダによる中間停止回路

任意位置における停止や長時間の位置保持には、ブレーキ付きシリンダ、ロック付きシリンダ、エンドロック付きシリンダを使用します。任意位置に停止させるためのブレーキ付きシリンダ回路（**図3-22**）は、負荷や作動速度条件により停止位置精度が異なりますが、一般的に停止精度は±数mmであることに注意します。主に中間停止時における安全確保が目的で使用されます。

❶ エンドロック付きシリンダ
エンドロック付きシリンダは「落下防止シリンダ」とも呼ばれ、シリンダを垂直方向に設置した場合の上昇端位置の保持に使用されます。複動シリンダと同じ回路で使用できます。

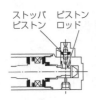

❷ ブレーキ付きシリンダの制御信号
図3-22の回路の制御信号と動作状態は以下となります。

SOL-1		SOL-2	作動状態
ⓐ	ⓑ		
OFF	OFF	OFF	停止
ON	OFF	ON	後退
OFF	ON	ON	前進

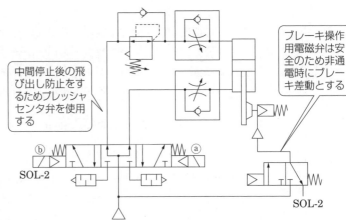

図3-22 ブレーキ付きシリンダによる中間停止回路

▶ 3-2-10 シリンダの高速作動回路

切換弁からシリンダまでの配管が長い場合には、配管により流量が絞られシリンダ速度が遅くなります。このような場合、**図3-23**に示すシリンダに、急速排気弁を設置する回路でシリンダ作動速度を早くすることができます。

3-2 ■基本回路

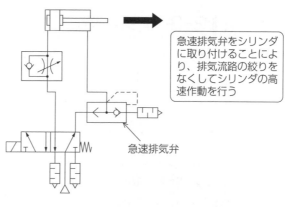

図 3-23　急速排気弁による高速作動回路

▶ 3-2-11　シリンダの高速・低速作動回路

シリンダを高速・低速の 2 速で作動させる場合の回路例を**図 3-24** に示します。メータアウト回路に直動 2 ポート弁の排気流路を追加し、2 ポート弁の ON/OFF により高速・低速の切換えを行います。

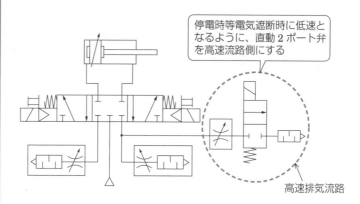

図 3-24　高速・低速作動回路

3-3 応用回路

空気圧制御回路は電気回路と対比させて考えると理解しやすくなります。前半では電気回路の考え方を参考に空気圧回路を解説し、後半では具体的な用途における回路を解説します。

▶ 3-3-1 理論回路と空気圧回路

表3-2に制御回路を構成するうえで基本となる理論回路の、電気回路と空気圧回路の対比を示します。

表3-2 理論回路の比較

論理回路	電気回路	空気圧回路	真理値表 タイムチャート
AND回路			入力 a, b / 出力 S 0, 0 → 0 0, 1 → 0 1, 0 → 0 1, 1 → 1
OR回路			入力 a, b / 出力 S 0, 0 → 0 0, 1 → 1 1, 0 → 1 1, 1 → 1
FLIP-FLOP回路			タイムチャート a, b, X, Y

3-3 応用回路

表3-2 理論回路の比較（つづき）

論理回路	電気回路	空気圧回路	真理値表 タイムチャート
NOT回路	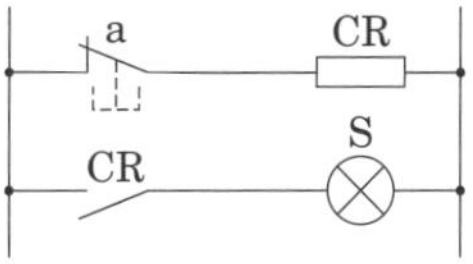	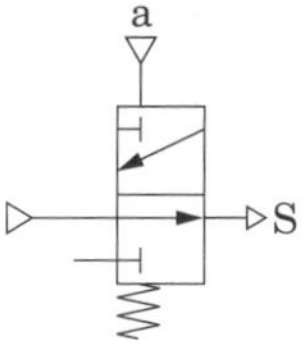	入力 a / 出力 S 0 / 1 1 / 0
NAND回路	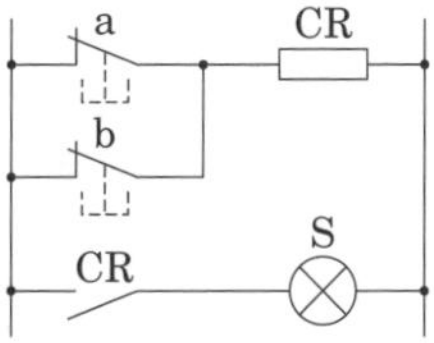	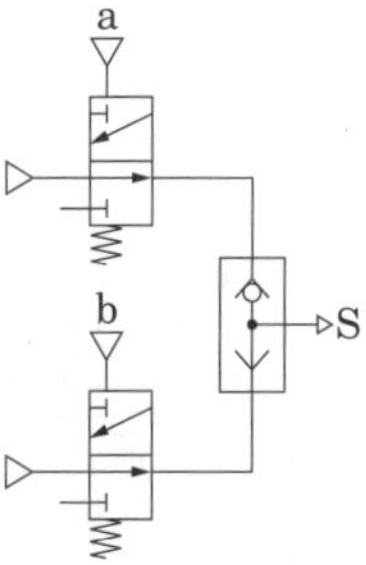	入力 a, b / 出力 S 0, 0 / 1 0, 1 / 1 1, 0 / 1 1, 1 / 0
NOR回路	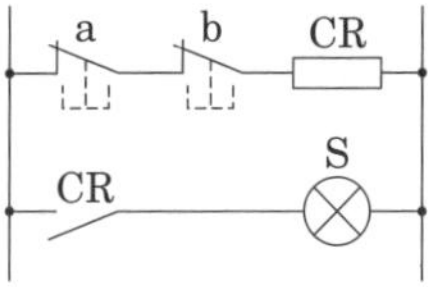	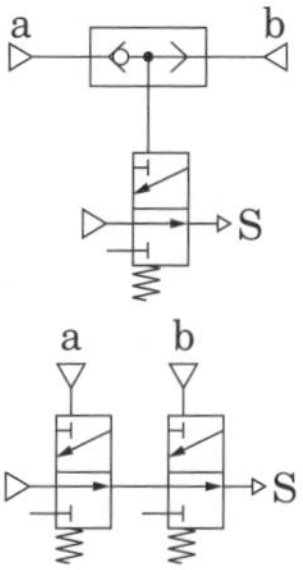	入力 a, b / 出力 S 0, 0 / 1 0, 1 / 0 1, 0 / 0 1, 1 / 0
自己保持回路	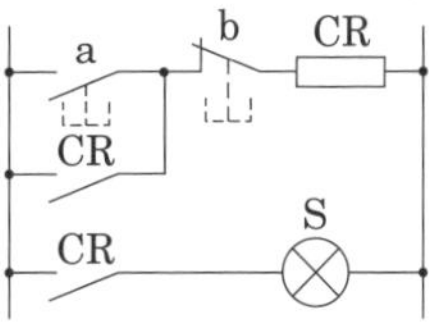	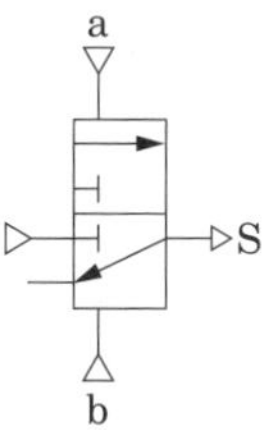	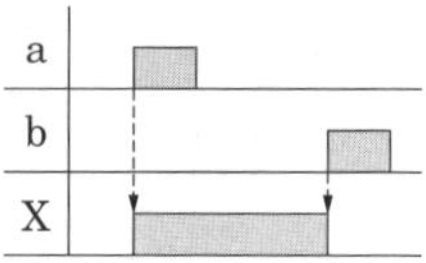

表3-2 理論回路の比較(つづき)

論理回路	電気回路	空気圧回路	真理値表 タイムチャート
オンディレイ回路			
オフディレイ回路			

● 理論素子

空気圧で理論回路を構成する場合には理論素子が使用されます。小形で扱いやすく容易にオールエア回路が製作できます。

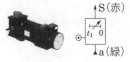
エアタイマ(オンディレイ)

AND素子

検出スイッチ

▶ 3-3-2 空気圧シリンダ駆動の電気制御回路

複雑なシーケンス回路でも、基本的な理論回路の組合せで構成されているので、基本回路機能を理解すれば制御回路を設計することができます。

● 複動シリンダ作動回路(1)

図3-25はシングルソレノイドバルブを使用した複動シリンダ駆動回路です。入力信号PB1がONしている時はソレノイドに通電され切換弁がONしてCYL‐Aが前進し、PB1がOFFすると切換弁はスプリングによりノーマル位置に戻りCYL‐Aは後退します。

3-3 応用回路

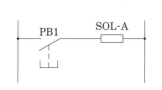
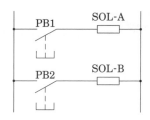
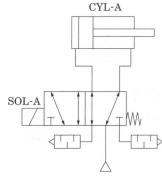
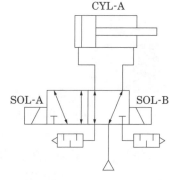

図3-25　シングルソレノイド回路　　　図3-26　ダブルソレノイド回路

● **複動シリンダ作動回路（2）**

図3-26はダブルソレノイドバルブを使用した複動シリンダ回路で自己保持回路と呼ばれます。PB1がONして切換弁のSOL-Aに通電しCYL-Aは前進したままの状態を続けます。PB1をOFFしてPB2をONすると、切換弁のSOL-Bに通電されCYL-Aは後退します。同じくPB2をOFFしてもCYL-Aは後退したままとなります。

● **1サイクル操作回路**

図3-27は1サイクルだけシリンダを往復作動させる回路です。PB1（起動スイッチ）をONするとCR1（リレー）が自己保持され、SOL-Aに通電されます。シリンダ前進端でLS1（リミットスイッチ）がONすると自己保持回路が解除され、SOL-Aは非通電状態となりシリンダは後退して停止します。

3章 ■ 空気圧回路の基本と応用回路

❶ シリンダの位置検出

シリンダロッドの位置検出は電気スイッチまたはメカニカルバルブにより行います。いずれも検出部にはさまざまな形式があります。

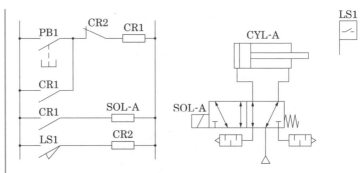

図 3-27　1 サイクル操作回路

● **連続自動往復回路**

図 3-28 は、PB1 を ON すると、PB2 を ON するまで CYL-A は連続往復作動を続ける回路です。PB1 を ON すると、CR1 が自己保持して SOL-A に通電され CYL-A は前進します。前進端で LS2 が ON すると、CR2 の自己保持が解除され CYL-A は後退します。後退端では、LS1 により CR1 が再び自己保持されて CYL-A は前進します。PB2 が ON されるまで CYL-A の前進・後退の連続作動が行われます。

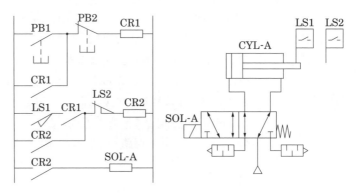

図 3-28　連続自動往復回路

3-3 応用回路

▶ 3-3-3 バランス回路

バランス回路とは、シリンダ負荷とシリンダ推力の平衡を保たせて、負荷の質量を制御する回路です。バランス回路を設計する場合、シリンダの抵抗、レギュレータの性能（設定圧力精度とリリーフ特性）に注意します。

● 基本回路

図3-29にバランス回路を示します。シリンダ負荷とシリンダ推力がバランスしている状態において、負荷を動かそうとした時に必要な力はシリンダの抵抗値となります。負荷を早い速度で動かそうとした時には、レギュレータの流量特性（上昇時には供給能力）とリリーフ特性（下降時の排気能力）によって抵抗値が決まります。

▶ 3-3-4 省エネルギー回路

シリンダの往復運動において、押し側または引き側の一方向だけ大きな推力が必要な場合でも通常は往復動作に回路圧力を供給しています。図3-30はシリンダを高速下降させてプレス作業を行い、低圧空気にて復帰させる省エネルギー回路です。プレス作業時には電磁弁①と②を通電状態とし、復帰動作は電磁弁①と②を非通電状態とします。

!バランス回路例

図3-29において、設定圧力0.5 MPa・シリンダ径φ50の場合、理論推力は約100 kgfとなり、人間で持ち上げられない物を支えることができます。シリンダが100 kgを支え人間が操作すれば軽い力で100 kgを持ち上げられます。このとき、100 kgを1 m、1分間に1回持ち上げるのに必要な空気量は11.8 L/min (ANR)であり、下記のように求められます。

理論推力：

$\dfrac{\pi}{4} \times 50^2 \times 0.5$

$= 981\ \text{N}$

空気消費量：

$\dfrac{\pi}{4} \times 50^2$

$\times 1000 \times \dfrac{1}{10^6}$

$\times \dfrac{0.5 + 0.1}{0.1}$

$= 11.8\ \text{L/min (ANR)}$

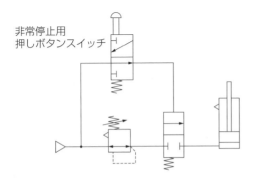

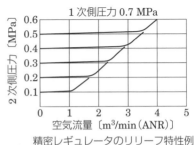

精密レギュレータのリリーフ特性例

図3-29　バランス回路

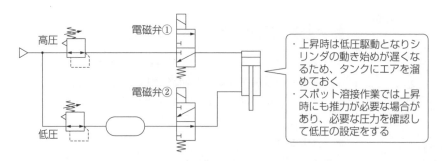

図3-30 エネルギー回路

▶ 3-3-5 クッション回路

シリンダ内部にはストローク端での衝撃を吸収するためのクッションが内蔵されています。小形シリンダではゴムクッションが、中大形になるとエアクッションが内蔵されるのが一般的です。クッション能力は吸収エネルギー値としてカタログに表されますが、これらの吸収値を超える回路を設計する場合には、ショックアブソーバで衝撃を吸収する方法や、下記クッション回路の使用を検討します。負荷の運動エネルギー算出方法は空気圧編2章2-6-2を参照してください。

● 基本回路

図3-31において、負荷は停止位置の手前でエネルギー吸収シリンダに衝突してエネルギーを吸収し、速度を低下させます。

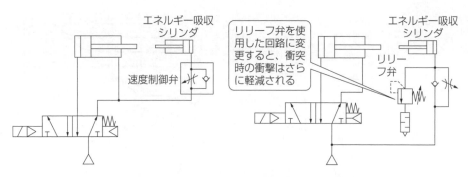

図3-31 クッション回路

▶ 3-3-6 増圧回路

一般の空気圧回路において大きな推力が必要な場合には、増圧器の使用を検討します。増圧器は空気圧を油圧に変換して、受圧面積の違いにより油圧の大きな推力を得ることができます。

● **空油変換増圧回路**

図 3-32 は増圧回路をクランプ装置に適用した例です。電磁弁に通電すると空油増圧器のピストン部は加圧され、シリンダ側に高圧の油圧が発生しシリンダが前進してワークをクランプします。ワークをクランプすると、空油増圧器の増圧比に比例した圧力が発生します。電磁弁を非通電にするとアンクランプします。油圧回路を使用せず、空気圧回路と増圧器を使用するだけで大きな推力を得られます。

> ❶ 増圧回路の用途
> 増圧器はエアハイドロブースタとも呼ばれます。増圧比は数倍から数十倍で、油圧ポンプを使用せず空気圧源で、刻印、カシメ、プレス等、高油圧と同等の推力が必要な自動化を実現できます。

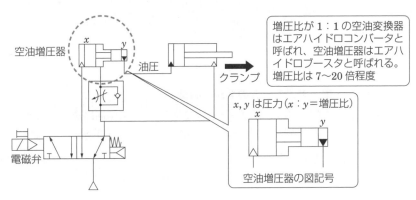

図 3-32 空油変換増圧回路

● **エア増圧器回路**

供給される空気圧力が低く、クランプ回路でシリンダ推力が不足する場合等には、回路圧力を上げるために図 3-33 に示す増圧器を回路の 1 次側に追加して使用します。エア増圧器の 2 次側圧力には脈動があるのでタンクを使用します。

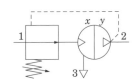

図 3-33 エア増圧器の図記号

3章 空気圧回路の基本と応用回路

▶ 3-3-7 力・トルクの制御回路

シリンダの推力を制御する場合には、シリンダへの供給圧力を変化させる方法が使われます。この回路には電気信号により空気圧力を制御することができる電空レギュレータ（比例圧力制御弁）が使用されます。シリンダ推力の制御例を**図3-34**に示します。

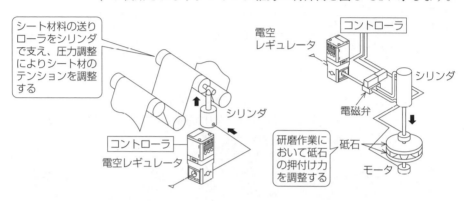

図 3-34 シリンダ推力の制御例

❶ **シリンダの推力制御**

シリンダの推力制御においては、電空レギュレータの精度とシリンダの摩擦抵抗に注意します。

- ベローズ・ダイヤフラム式シリンダは摩擦抵抗が小さいがストロークが短い
- メタルシールシリンダは、摩擦抵抗が最も小さいが空気質と横荷重に注意する
- 低摩擦仕様シリンダは上記シリンダより摩擦抵抗が大きいがストロークが長く横荷重に強い。

● エアモータのトルク制御

図3-35にエアモータの回転トルク制御回路を示します。エアモータのトルクは回転数が低いほど高くなります。急速排気弁により背圧を少なくして回転トルクを確保したうえで、排気側の絞り弁により回転数とトルクを調整します。

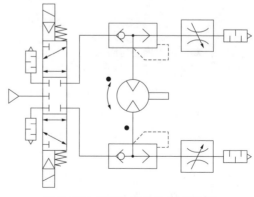

図 3-35 エアモータトルク制御回路

4章 空気圧システム設計 (空気圧編)

4-1 空気圧回路設計

　空気圧システム設計においては、まずはじめに次の4項目について検討を行い、目的の機能・性能に対する空気圧の適合性を基準に、機械や装置内の空気圧の利用範囲を決定します。
① 電気や油圧等の駆動および制御システムとの比較における空気圧の利用の有効性
② 空気圧機器の組合せによるシステム性能の限界
③ 他の駆動システムと組み合わせた場合の性能
④ 空気圧源の確保・導入方法

　あわせて機器の進歩に対応した最新の資料を参照し、システムが最大限のパフォーマンスを発揮させることが望ましいとされます。

▶ 4-1-1　空気圧システムの設計手順

　空気圧システムの設計手順フローを**図4-1**に示します。

▶ 4-1-2　アクチュエータの選定

　機械や装置仕様を把握した後、仕事を行うアクチュエータを必要な機能、性能、用途に合わせた運動経路から、対応するアクチュエータを選定します（**表4-1**）。

● 取付け方法の選定
　アクチュエータはさまざまな取付け方法が用意されています。次の項目に考慮して選定してください。
① 心出し等の取付精度と作業性

4章 空気圧システム設計

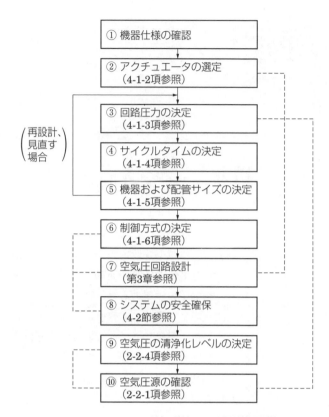

注）点線 --- は関連する項目を示す

図 4-1　設計手順フロー

表 4-1　アクチュエータの種類の選定

経　路	対応アクチュエータ
直線運動、押付け、打撃	シリンダ
回転運動	空気圧モータ、空気タービン
揺動運動	揺動形アクチュエータおよびシリンダとリンク機構等
巻掛運動	空気圧モータまたは揺動形アクチュエータと巻掛け機構等
振動運動	空気圧バイブレータ
噴流	ノズル
吸引	真空パッド

② 取付けスペース
③ 負荷接続方法

● **給油方法の選定**

一般的なアクチュエータは無給油方式で使用されますが、給油仕様の回転運動アクチュエータや、長期間の耐久性が求められる高負荷のアクチュエータ等を使用する場合は給油方式が用いられます。

● **特殊環境下における機器仕様**

空気圧システムが使用される環境において、機器に特殊な仕様が求められる場合があります。機器メーカはこれに合わせ特殊仕様機器を用意しているので、確認して仕様に合った機種を選定します。特殊環境下の例を**表4-2**に示します。

● **適用法規**

システムおよび機器に関連する法規・規格類を**表4-3**に示します。

表4-2 特殊環境と機器の対応

特殊環境	対応機器
クリーンルーム内	発塵対策・排気処理・ステンレス仕様
高温・低温	耐熱・耐寒仕様
切削液飛散	パッキン材質・保護構造
腐食	耐食処理・ステンレス仕様

表4-3 関連法規・規格類

環境	対応内容
国内法規、指針	消防法、労働安全衛生法、高圧ガス保安法、環境基本法、労働安全衛生総合研究所技術指針
国際規格	ISO、IEC
JIS、工業会規格	JIS、JFPS、JOHS、JEM 等
ユーザ、メーカの規格	社内規格、業界統一規格等
船級規格	NK、JG、ABS、LR 等
海外法規、規格	ANSI、ASME、ASTM、MIL、NEMA、DIN、BS、CSA、NFPA 等 EC 指令、RoHS 指令、REACH 規制

▶ 4-1-3　回路圧力の決定

回路圧力は、回路を構成するアクチュエータ、切換弁、継手、配管等の種類と大きさに関係するため、回路圧力を最初に決定します。決定は下記条件によります。
① アクチュエータに必要な圧力
② 工場内に供給される圧力、または接続する圧縮機の吐出圧力範囲

● 回路圧力とアクチュエータサイズ

アクチュエータ出力は（受圧面積×圧力）であり、圧力を高くすればアクチュエータサイズを小さくすることができます。これに伴い切換弁サイズや配管類も小さくすることができ、省スペース化や初期投資を抑える等の効果が期待できます。ただし圧力が 0.7 MPa を超える場合には、切換弁や樹脂チューブ等の最高使用圧力に注意が必要となります。

● 回路圧力とランニングコスト

図 4-2 に圧縮機の吐出圧力と消費動力（電力）の関係を示します。図において吐出圧力を 0.5 MPa から 0.7 MPa まで上げた場合には、消費電力が約 20％アップします。工場全体の消費電力のうち、コンプレッサが占める割合は 10 〜 30％といわれており、ランニングコストも回路圧力を決定するうえでは重要なポイントとなります。

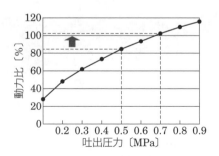

図 4-2　圧縮機吐出圧力と動力比例

4-1 ■空気圧回路設計

● 圧力降下

コンプレッサから回路に至るまでに**表 4-4** に示すさまざまな圧力変動や圧力降下が発生するため、回路に必要な圧力はこれらの変動・降下を見込んで設定します。

表 4-4 回路圧力の変動要因

変動要因	回路圧力への影響
コンプレッサ吐出し圧力	吐出し圧力の変動
配管の圧力降下	工場内配管と回路内配管による圧力損失
空気消費による変動	空気消費量による圧力変動値を確認し最低値を把握
減圧弁の特性	減圧弁の流量特性による圧力降下

▶ 4-1-4 サイクルタイムの決定

空気圧回路を使った装置を設計する場合、工程の時間割を表示するシーケンスチャートを作成します。空気圧回路だけの場合には**図 4-3** のタイミングチャート（またはタイムチャート）と呼ばれる簡易的な表が使われます。

❷ タイミングチャート
・複数のシリンダを同時作動させる場合の工程略号は、「A＋B＋」「A－B－」と表示します。
・複数シリンダが同時作動の場合、すべてのシリンダの位置検出を行わず、最も作動完了が遅いシリンダの位置検出で工程の終了を確認します。
・工程開始時にはすべてのシリンダが原位置にあることを確認します。

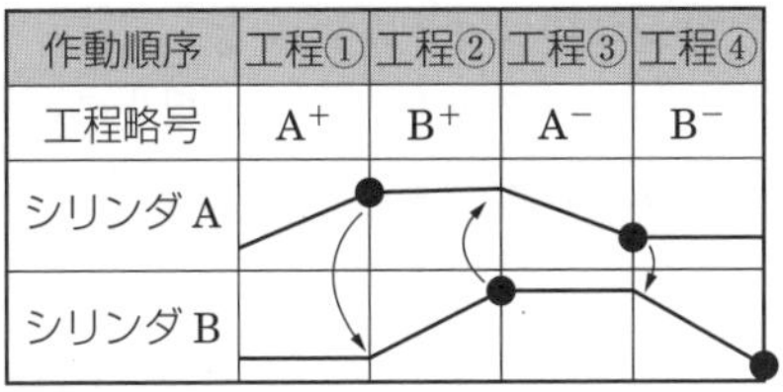

作動順序	工程①	工程②	工程③	工程④
工程略号	A⁺	B⁺	A⁻	B⁻
シリンダA				
シリンダB				

工程①：シリンダAが前進
工程②：工程①完了後にシリンダBが前進
工程③：工程②完了後にシリンダAが後退
工程④：工程③完了後にシリンダBが後退

注）●印はシリンダスイッチ等のセンサによる位置検出を表す

図 4-3 タイミングチャートの例

アクチュエータの作動順序が決められると、アクチュエータの作動時間の検討が行われます。しかし、サイクルタイムが高速な場合や、アクチュエータ能力の限界近くで使用する場合には、**表 4-5** に示す項目の詳細検討が必要となります。

表 4-5 シーケンスチャートにおける遅れ要素

作動遅れ箇所	遅れの原因
アクチュエータ	負荷の慣性による遅れ 停止減速遅れ 装置が軟構造の場合の停止振動の減速待ち遅れ
空気圧制御機器	制御配管内空気の流入排出遅れ 弁の応答遅れ（電磁弁では 10～200 ms）
電気制御機器	スイッチ/リレーの遅れ （無接点式数 ms、有接点式数十 ms） PLC の入力、演算遅れ （接点数により数十 ms に達する）

▶ 4-1-5 機器および配管サイズの決定

● アクチュエータサイズ

アクチュエータの出力は（受圧面積×圧力）で求められ、理論出力と呼ばれます（図 4-4）。この図に示すシリンダの理論出力にはアクチュエータ内部の抵抗による損失が含まれていません。また、理論出力に効率を掛けた出力を静圧出力と呼びます。図 4-5 に供給圧力と出力効率の関係を示します。シリンダの引き側は、ピストン部とピストンロッドシール部の2箇所にパッキン抵抗がかかるために効率が低くなります。供給圧力が低い場合には、アクチュエータ出力に占める損失の割合が高く、出力が低くなるため注意が必要です。

❶ シリンダの負荷率
　シリンダの負荷率は 70 % 以下に抑えるのが一般的な使い方です。理想の負荷率は 50 % ともいわれます。負荷率が 70 % を超えると、動作時間が大幅に遅くなる、圧力変動の影響により動作時間がばらつく等の問題が生じます。

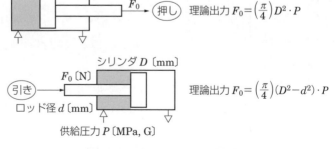

図 4-4　アクチュエータの理論出力

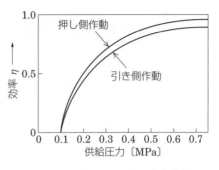

図 4-5 アクチュエータの出力効率

● **配管サイズの選定**

空気圧配管は、「コンプレッサから工場内につながるメイン配管」、「メイン配管から装置供給口および装置付近で分岐して使用されるサブ配管」、「制御弁とアクチュエータ間の制御配管」に分けられます。

① 配管の種類

空気圧配管には、主にメイン配管に使用される**金属配管**と、サブ配管と制御配管し使用される**非金属配管**があります。非金属配管は一般的に樹脂チューブ（ホース）と呼ばれ、ポリアミドチューブ（ナイロンチューブ）やポリウレタンチューブ（ウレタンチューブ）は柔軟性もあり、容易に接続できるため作業性がよく、多く使用されます。

② 金属配管の呼び径

メイン配管のサイズを表す場合には「呼び径」が使用されます。配管に使用される鋼管外径サイズ（配管径）ごとに呼び径があり、JIS 規格（JIS G 3452：2014　配管用炭素鋼鋼管）において「A 呼称」「B 呼称」という 2 通りの呼び径が定められています（**表 4-6**）。

③ 樹脂チューブの呼び径

樹脂チューブは JIS 規格（JIS B 8381-1：2008 附属書）により配管径と呼び径が定められています。**表 4-7** にポリアミドチューブの寸法と寸法許容値を示します。

4章 ■ 空気圧システム設計

表 4-6　金属管の寸法と呼び

呼び方			外径 D〔mm〕
A 呼称	B 呼称	通　称	
6	1/8	1分（いちぶ）	10.5
8	1/4	2分（にぶ）	13.8
10	3/8	3分（さんぶ）	17.3
15	1/2	4分（よんぶ）	21.7
20	3/4	6分（ろくぶ）	27.2
25	1	インチ	34.0
32	1 1/4	インチ2分（インチにぶ）	42.7
40	1 1/2	インチ半（インチはん）	48.6
50	2	2インチ（にインチ）	60.5
65	2 1/2	2インチ半（にインチはん）	76.3
80	3	3インチ（さんインチ）	89.1
90	3 1/2	3インチ半（さんインチはん）	101.6
100	4	4インチ	114.3

❷ **樹脂チューブの最高使用圧力**
　樹脂チューブの最高使用圧力は温度により変わります。

表 4-7　ポリアミドチューブの寸法と呼び

チューブの呼び	外径×内径	外　径		肉　厚	
		基準寸法	許容差	基準寸法	許容差
4	4×2.5	4	±0.1	0.75	±0.08
6	6×4	6		1.0	
8	8×6	8		1.0	±0.1
10	10×7.5	10		1.25	
12	12×9	12		1.5	±0.13

④　メイン配管の決定

　工場内の主管は余裕をもって選定するのが一般的です。配管10 m 当たり 0.002〜0.004 MPa の圧力降下が基準とされています。**表 4-8** に空気圧システムの配管における最大流量を示します。

表 4-8 配管径と最大流量（JIS B 8370）

使用圧力 〔MPa〕	配管内径〔mm〕								
	6	9	13	16	22	28	36	43	50
	最大流量〔L/s〕（ANR 20℃、湿度65％、0.1 MPa）注1								
0.020	0.18	0.41	0.91	1.7	2.5	4.8	9.8	15	28
0.040	0.28	0.62	1.4	2.6	3.9	7.3	15	22	43
0.063	0.38	0.85	1.9	3.5	5.2	9.9	20	30	59
0.080	0.44	1.0	2.2	4.1	6.2	12	24	36	70
0.100	0.52	1.2	2.6	4.9	7.3	14	28	42	82
0.125	0.62	1.4	3.1	5.8	8.6	16	33	50	97
0.160	0.75	1.7	3.8	7.0	10	20	40	61	120
0.200	0.91	2.0	4.5	8.4	13	24	48	74	140
0.250	1.1	2.5	5.5	10	15	29	58	89	170
0.315	1.3	3.0	6.7	12	19	35	71	110	210
0.400	1.6	3.7	8.3	15	23	43	88	130	260
0.500	2.0	4.6	10	19	28	53	110	160	320
0.630	2.5	5.6	13	23	35	66	130	200	390
0.800	3.1	7.0	16	29	44	82	170	250	490
1.000	3.9	8.7	19	36	54	100	210	310	610
1.250	4.8	10	24	45	67	130	260	390	750
1.600	6.1	13	31	57	85	160	330	490	950

注1) JIS B 8393 による。
注2) 上記の流量は、鋼管（ISO 65 の grade medium wrought iron pipe）の長さ30 m、温度20℃における圧力降下に基づいている。圧力降下の値は、次の通りである。
　　　配管内径 6 mm、9 mm、13 mm、16 mm の場合：10％
　　　配管内径 22 mm、28 mm、36 mm、43 mm、50 mm の場合：5％

❶ 圧力降下
　表4-8に示す最大流量は圧力降下が5～10％と比較的大きな値であり、限界値と考えます。

▶ 4-1-6　空気圧機器の制御方式

　自動化装置において、空気圧機器を制御するためにはプログラマブルコントローラ（PLC）を使用するのが一般的です。PLCはリレーやタイマー等の機能を内蔵し、AND回路や自己保持回路等を組み合わせた論理回路をプログラムし、それを実行しま

4章 空気圧システム設計

す。スイッチやセンサ等の入力機器、ランプや電磁弁等の出力機器をPLCへ接続することで自動化装置を統合制御することができます。

空気圧回路において、PLCへの入力機器はシリンダスイッチや圧力センサ等が、出力機器は電磁弁や電空レギュレータ等があげられます。

● シリアル伝送機器

① 工場ネットワーク

製造業においては、製造工程の効率化による競争力アップを目的として、製造工程をコンピュータ管理するネットワーク化が進んでいます。ネットワークは情報内容に応じ、階層（ネットワークレベル）分けされて構築されます。空圧機器はネットワークにおいて最下層に位置します。電磁弁やセンサ等の最下層と上位制御機器（PLC）を接続するためのネットワークをフィールドバスと呼び、スイッチ・センサ・電磁弁等をデバイスバスと区別して呼ぶ場合もあります。シリアル伝送の構成を**図4-6**に、シリアル伝送機器の例を**図4-7**に示します。

② フィールドバスの種類

空圧機器で現在対応可能なフィールドバスの代表例を**表4-9**に示します。フィールドバスには、IEC標準として機関や関連団体が公的規格として認めたオープンフィールドバスと、企業提案型の独自バスがあります。

③ フールドバス採用のメリット

配線本数の削減（省配線）、システム立上げ短縮、分電盤の小

> ❶ シリアルとパラレル
>
> シリアルとは1本の回線を使って複数のデータを送る方式です。複数の回線で複数のデータを送るパラレル通信は対義語です。

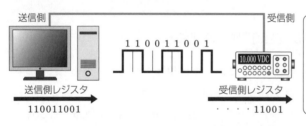

図4-6　シリアル伝送の構成

4-1 ■空気圧回路設計

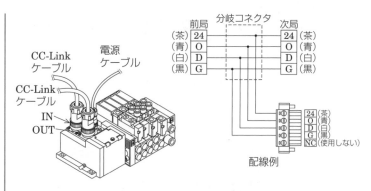

図4-7 シリアル伝送機器

表4-9 フィールドバスの代表例

オープン フィールドバス	DviceNet, CC-Link, PRO FIBUS, INTERBUS Modbus, LonWorks, OPCN-1, AS-i
独自バス	S-LINK, UNI-WIRE, AnyWire-Bus, CompoBus-s, SAVENET

形化省スペース化、ネットワーク管理が可能、設備増設への対応、省配線化による保全性向上等がメリットとしてあげられます。

④ フールドバス採用のデメリット

シリアル通信により上位からの信号が1本の配線にて行われているため、信号線断線が発生するとその系統がすべて通信不通となる、シリアル伝送の遅れが発生する等のデメリットもあります。

4-2 空気圧システムの安全確保

空気圧システムの安全確保を考えるとき、システムが組み込まれる「機械」の安全までさかのぼり、機械の安全確保を実施する必要があります。ここでは空気圧システムの安全確保に関する関連規格・法規と保全管理について解説します。

▶ 4-2-1 空気圧システムの安全

● 空気圧機器およびシステムの安全に関する規格

空気圧システムの安全に関する規格には、JIS B 8370「空気圧-システム及びその機器の一般規則及び安全要求」があります。まずこの JIS B 8370 を引用、参照する必要があります。図 4-8 にその他の関連規格や資料を示します。

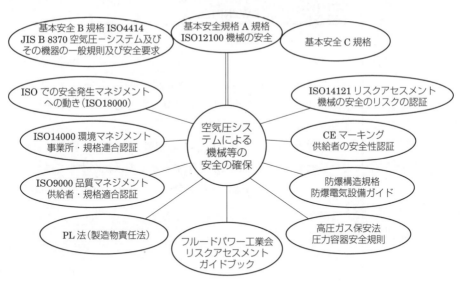

図 4-8　空気圧システムの関連安全規格

● 国際安全規格

安全規格はグローバルスタンダード(国際標準)であり、JIS 規格等、各国の独自規格は ISO 規格に準拠した内容へと制定・

4-2 空気圧システムの安全確保

● 第2種圧力容器の検定

厚生労働省令に基づき、下記に該当するシリンダは(一社)日本ボイラ協会の検定を受ける必要があります。
① 定格圧力 0.2 MPa を超え、シリンダ内容積が 0.04 m³ を超えるシリンダ
② 定格圧力 0.2 MPa を超え、シリンダチューブの内径が 200 mm 以上で、かつ胴の長さ(シリンダチューブ長さ)が 1000 mm 以上のシリンダ

$$V = \frac{D^2 \times S \times 3.14}{4 \times 10^9}$$

ここで、
V：シリンダ内容積〔m³〕
D：チューブ内径〔mm〕
S：胴の長さ(シリンダチューブ長さ)〔mm〕

改定が進んでいます。国際安全規格は**図4-9**に示す3段階に階層化された構成となっています。

① タイプA規格：基本安全規格…ISO 12100
② タイプB規格：類似した製品、工程、サービス等の運用可能なグループ(ISO4414・JIS B 8370)
③ タイプC規格：特定製品の要件を記述した製品安全規格

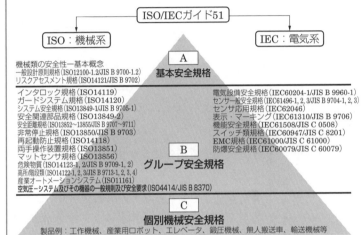

図4-9 国際安全規格の階層化構成

● 空気圧機器およびシステムの安全に関するガイドブック

国内においては、平成25年7月に(一社)日本フルードパワー工業会が「空気圧システムの安全確保のためのリスク低減に関するガイドブック」を発行しています。ISO4414 および JIS B 8370 の理解を深めるための解説および、現時点で予測可能な安全に係わる安全方策と警告表示等の指針として使用することを目的としています。

● リスクアセスメント

リスクアセスメントは、システムや機器の潜在的な危険性又は有害性を見つけ出し、これを除去・低減するための手法です。
リスクアセスメントの実施は、労働安全衛生マネジメントシス

4章 ■ 空気圧システム設計

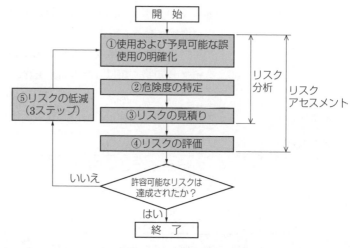

図4-10 リスクアセスメントの基本プロセスとフロー

❶ リスクの見積り
リスク（危険）は下記の合計ポイントの合計で数値化（0〜20点）されます。
① 危険な状態が発生する頻度（1〜4点）
② 危険状態が発生した時に災害に至る可能性（1〜6点）
③ 負傷又は疾病の程度（1〜10点）

リスク	リスクポイント	評 価	優先度
Ⅴ	14〜20	直ちに解決すべき問題がある	直ちに中止または改善する
Ⅳ	12〜13	重大な問題がある	優先的に改善する
Ⅲ	9〜11	かなり問題がある	見直しを行う
Ⅱ	6〜8	多少の問題がある	計画的に改善する
Ⅰ	3〜5	必要に応じて、リスク低減措置を実施する	残留リスクに応じて教育や人材配置をする

テムに関する指針により2006年4月1日以降努力義務化されました。

● **リスクアセスメントの実施プロセス**

リスクアセスメントの基本プロセスおよび実施フローを図4-10に示します。

① 使用条件および合理的に予見可能な誤使用の明確化
② 危険源・危険状態の特定
③ リスクの見積り
④ リスクの評価
⑤ リスクの低減（3ステップ）

▶ 4-2-2 安全確保について

ISO4414の中で、空気圧機器およびシステムの安全性に関する特有の問題として「エネルギー源からの確実な遮断について」の記載があります。具体的な遮断方策と残圧対策について解説します。

4-2 ■ 空気圧システムの安全確保

● エネルギー源からの確実な遮断

一般の機械装置において、機械の停止時や非常停止時には動力が停止することが求められます。同様に空気圧システムにおいても、停止時にはエネルギー源からの確実な遮断ができるように設計することが要求されています。エネルギー源からの遮断には次の例があります。

① 供給空気の遮断と圧力除去

空気圧源を遮断しシステム内の残圧を除去する。これらの装置・機器はロックできること。

② 外部負荷からの遮断

システム内の圧力が減圧される時、機械的負荷を分離または支持する。

③ 電源遮断

適切な装置・機器により確実に電源が遮断できること。

▶ 4-2-3 安全確保の例

装置の入口に残圧排気弁を設置すれば、残圧排気弁を操作することにより、供給空気を遮断し回路内の空気圧力を排出することが可能となります。しかし構成される回路により残圧が回路内に残り、アクチュエータが意図せぬ動作をする場合があります。この場合には圧力が残る回路には残圧排気用の手動切換弁を追加します。

また残圧を封じ込めることでアクチュエータの落下防止を行う回路においては、残圧を封じ込めるか機械的ロック機構によりエネルギーの放出を防止し、安全状態になった後に解除します。

● 基本の残圧排気回路

残圧排気の基本回路を図 4-11 に示します。装置入口に残圧排気用手動切換弁を設置し、この機器の操作により供給圧力停止と主回路の残圧排気を行います。残圧排出弁に電磁弁を用いる場合には、非通電状態で供給を遮断し主回路の残圧排気を行い、通電状態で空気供給状態とします。

---

❶ **OSHA（労働安全衛生基準局）**

作業者の安全に関する規格、米国安全規格を制定しています。

〈Lockout/Tagout の規程〉

機械の保守、メンテを行う際、空気源をSHUT-OFF VALVE（残圧排出弁）で閉止し同時に残圧を排出します。その作業中に第三者が不用意に弁を操作し圧縮空気を加えると、シリンダ等が突然に動き出し作業者が怪我をすることもあり危険です。そのため、「この種の目的に使用する弁にはすべて鍵を付けるか鍵が付けられる構造であること」と規定しています。

❶ **残圧排気弁の使用方法**

● 通常の使用時

● 保守作業時
残圧を抜いた位置でカギがかけられる

↓ 排気

4章 ■ 空気圧システム設計

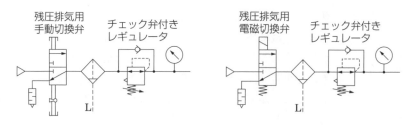

図4-11　残圧排気基本回路

❶ 残圧確認用機器

圧力の封じ込め回路においては、残圧の有無・残圧排気操作の完了確認のためにエアランプまたは圧力計を設置するのが望ましいとされています。

エアランプ

圧力計

● クローズドセンタ形3位置弁の残圧排気回路

クローズドセンタ形3位置弁は、停止および非常停止状態においてアクチュエータに圧力が封じ込められます。**図4-12**は切換弁とアクチュエータ間に3ポートダブルチェック弁を設置し、主回路の残圧排気と同時に自動排気する回路です。

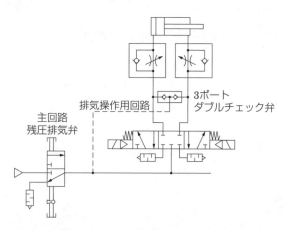

図4-12　残圧排気回路（1）

● シリンダの落下防止回路

主回路の残圧排気が行われた時、垂直設置されたシリンダの落下防止回路を**図4-13**に示します。2位置電磁弁の1次側にチェック弁と手動排気弁を設置し、封じ込み圧力を大気開放する場合は手動排気弁にて残圧排気を行います。同様の回路として**図4-14**も用いられますが、電磁弁の漏れが影響せず、より長い時

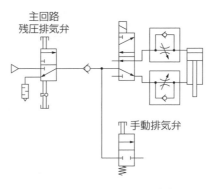

図4-13 残圧排気回路 (2)

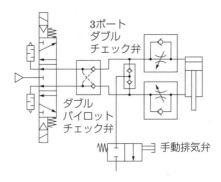

図4-14 残圧排気回路 (3)

間の落下防止が必要とされる場合に使用されます。

● **ブレーキ付きシリンダによる落下防止回路**

　機械的ロック機構を持つブレーキ付きシリンダは、垂直設置シリンダの落下防止や水平設置シリンダの中間停止に使用され、シリンダストローク内のどの位置においてもピストンロッドを停止保持できます。ブレーキ作動時にはシリンダの両側に負荷とのバランス圧力が加圧されるように、電磁弁はプレッシャセンタ形3位置弁を使用し、片側の回路にチェック弁付きレギュレータを設置します。これは再起動時および手動によるブレーキ解除時のシリンダ飛出し現象を防止するためです。ブレーキ用電磁弁はノーマルクローズ形2位置3ポート弁を使用し、再起動時の通電信

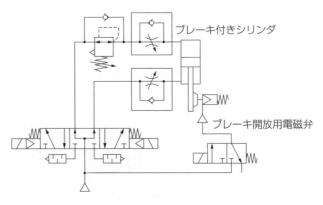

図4-15　ブレーキ付きシリンダによる落下防止回路

号はシリンダ切換用電磁弁信号より早く与えるか、または同時になるように制御します。

● エンドロック付きシリンダ

エンドロック付きシリンダを使用する場合、一般形シリンダと同じ回路にて垂直設置シリンダの落下防止を行うことができます（**図4-16**）。

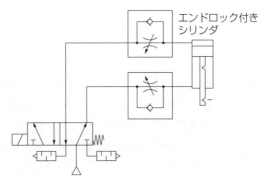

図4-16　エンドロック付きシリンダによる落下防止

● **再起動時のシリンダ飛出し防止回路**

シリンダ両側室の残圧が排気された後の再起動時には、メータアウト回路で速度制御弁を使用していてもシリンダの飛出し現象が起こる恐れがあります。シリンダの飛出し現象を防止する方法

の一つは、メータイン速度制御弁を追加して給気側流量を絞ることです。シリンダ速度が速い場合や負荷率が高い場合には、シリンダ始動時の応答性が悪くなるため注意して下さい。図4-17の飛出し防止弁を使用した回路も対策の一つです。

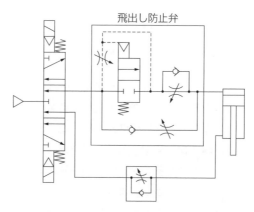

図4-17　飛出し防止弁を使用した回路

● **回路内残圧排出後の飛出し防止**

回路内の残圧をすべて排出した後、回路に再給気を行う場合には、シリンダの飛出し防止として図4-18のソフトスタート弁を用いた回路が使用されます。残圧排気弁の2次側圧力が低い場合に、供給流路を絞りシリンダの飛出しを防止し、2次側圧力が設定圧力以上になると供給通路を通常に戻すのがソフトスタート弁の機能です。

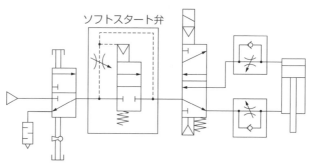

図4-18　ソフトスタート弁による飛出し防止回路

4-3 保全管理の概要

空気圧システムの特徴として、保全管理の容易さがあげられます。機器自体の構造が比較的簡単で理解しやすく、簡単な回路の組合せで構成されるからです。油圧に比べてシステム圧力が低く、安全で汚染が少ないことも保全のしやすさの理由です。

▶ 4-3-1 保全管理

機械装置は使用すると磨耗や消耗等により劣化していきます。長期間にわたり効率良く稼動を継続させるためには、機械装置の保全（保守）管理が重要になります。

● **保守管理における留意点**

機械装置の設計者と保守管理者は、経験のみならず下記の知識をもつことが望まれます。

① 機器の原理・構造・性能・特徴
② 機器の使用条件の適否
③ 機器の取扱い方法とその留意事項
④ 機器の寿命と使用条件の相関
⑤ 故障の起こりやすい箇所、発見方法、予防方法

● **機器の点検項目**

機器の点検頻度は3ヶ月～1年とし、主な点検項目は**表4-10**

表4-10　機器の点検項目

フィルタ	・ケース内のゴミ・ドレン溜まり ・フィルタエレメントの汚れ
減圧弁	・圧力計の針は安定しているか ・リリーフポートの漏れ量増加がないか
電磁弁	・通電時ソレノイド部にブザー音がないか ・排気ポートからの漏れ ・手動操作による切換弁作動点検
シリンダ	・ピストンロッドの異常摩耗・損傷がないか ・スティックスリップ（ビビリ作動）がないか ・ロッドパッキン部の漏れ
サイレンサ	・エレメントの汚れがないか ・水滴の付着がないか

▶ 4-3-2　ドレンの発生と対策

空気圧機器およびシステムにおけるトラブルの原因として最も多いものが、ドレンによる不具合であるといわれます。ドレンによる影響とドレンの発生原因、ドレンへの対策について解説します。

● **ドレンの影響**

空気圧システムにドレンが混入すると、回路および機器に以下のような影響を及ぼします。

① 機器に封入されているグリスを洗い流し、作動不良や寿命低下を引き起こす
② 機器内部にさびを発生させ、作動不良や寿命低下を引き起こす
③ サイレンサ等の排気口からドレンを排出して周囲を汚染する
④ センサや精密減圧弁等の精度悪化や故障を引き起こす

● **ドレンの発生原因**

大気中には水蒸気が含まれており、大気中の空気を圧縮したものが圧縮空気です。圧力 0.5 MPa の圧縮空気 $1\,m^3$ をつくるためには大気圧の空気 $6\,m^3$ を圧縮する必要があり、0.5 MPa の空気 $1\,m^3$ 中には大気の 6 倍の水蒸気が含まれています。大気中に含まれる水蒸気は一定でなく、温度によって最大値（飽和水蒸気量）が決まっており、温度の変動により飽和水蒸気量が変動し、温度が低下すると水蒸気は凝縮して水分（ドレン）が発生します。国内においては梅雨や夏場にかけては湿度が高く、多くのドレンが発生するので注意が必要です。圧縮空気の水分量の計算例を図 4-19 に示します。

● **コンプレッサの潤滑油**

給油式コンプレッサを使用している場合、この潤滑油がミスト化されたものが圧縮空気に含まれます。一般的なフィルタでは $40\sim500\,\mu m$ のオイルミストは除去できますが、微小なオイル

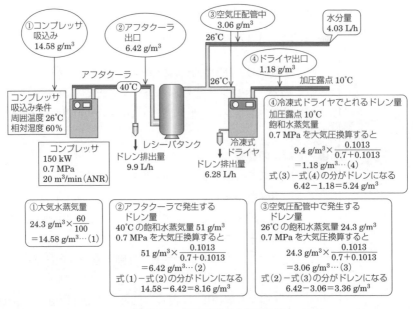

図 4-19　圧縮空気の水分量計算

フォグ (2〜40μm) やオイルエアゾル (0.01〜40μm) を除去するためにはオイルミストフィルタ (0.3μm) や油分除去フィルタ (0.01μm) を使用します。

● エアドライヤ設置によるドレン対策

エアドライヤは圧縮空気を冷却してドレンを発生させて除去し、水蒸気を除去した乾燥圧縮空気をつくります。エアドライヤには、冷媒による冷却（冷凍式エアドライヤ）、乾燥剤による水蒸気吸着（吸着剤式エアドライヤ）、中空糸膜による水蒸気分離（膜式ドライヤ）等、構造による種類があり、それぞれ処理空気流量と露点が異なるため注意しなければなりません。

一般的に工場の圧縮空気ラインには、ドレン発生防止用として冷凍式エアドライヤまたは吸着剤式エアドライヤが設置されます。エアドライヤの用途別エアラインを**図 4-20**に示します。小型の往復式圧縮機は空冷式が多く、タンク内にドレンが発生します。また吐出空気は除湿されていなく高温で水蒸気が飽和した状

4-3 保全管理の概要

ドライヤの使い分け

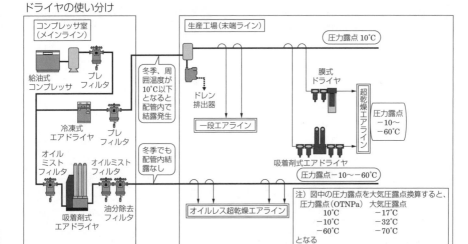

図 4-20　エアドライヤ用途別エアライン

態なので、空気圧機器の寿命が極端に短くなるケースがみられるので注意しなければなりません。

● 配管のドレン対策

工場内のメイン配管には配管用鋼管（SGP）が使用されます。さびの発生を完全に抑えるためにステンレス配管が使われる場合もあります。配管には 1/100 の下り勾配を設け、管末部にはドレン抜き用のストップ弁や自動排水弁を分岐配管して設置します。

索　引

あ　行

亜音速流れ　subsonic flow …………… 143
アキシアルピストンポンプ
　　axial piston pump ………………… 29
アキシアルピストンモータ
　　axial piston motor ………………… 49
アキュムレータ　hydraulic accumulater … 56
アクセサリ　accessory ………………… 4
アクチュエータ　acutuator ……………… 4
アセンブリ　assembly ………………… 11
圧縮空気品質等級　quality rating of
　　compressed air …………………… 159
圧縮性　compressibility ……………… 15
圧縮比率　compress ratio …………… 118
圧縮率　compressibility of a fluid …… 15
圧抜き動作　decompression ………… 105
圧力アンダーライド特性
　　underride pressure ………………… 34
圧力エネルギー　pressure energy …… 22
圧力オーバライド特性
　　override pressure ………………… 32
圧力計　pressure gauge ………… 205, 244
圧力降下　pressure drop …………… 237
圧力スイッチ　pressure switch ……… 37, 205
圧力ピーク　pressure peak …………… 20
アフタクーラ　after cooler …………… 157
油タンク　reservoir …………………… 4
油動力　hydraulics power …………… 22
アンドバルブ　AND valve …………… 205

位置エネルギー　potential energy …… 22

運動エネルギー　kinetic energy ……… 22

エアグリッパ　air gripper …………… 194
エア増圧器　air pressure intensifier …… 227
エアドライヤ　air dryer …………… 161, 250
エアブリーザ　air breather …………… 9
エアモータ　air motor …………… 213, 228
エアレーション　aeration …………… 16
エキゾーストセンタ
　　centre open to exhaust …………… 216

液体力　flow force …………………… 44
エジェクタ　vacuum ejector ………… 197
エネルギーの蓄積
　　accmulation of energy …………… 115
エネルギー保存の法則
　　principle of conservation of energy … 22
押しのけ容積　displacement ………… 29
汚染物質　contaminnt ………………… 6
オーバラップ　overlap ………………… 35
オフディレイ回路　off-delay circuit …… 222
オリフィス　orifice ………………… 47, 205
オールポートオープン　all port open …… 41
オールポートブロック　all port block …… 41
音速コンダクタンス　sonic conductance … 142
音速流れ　choked flow ……………… 143
オンディレイ回路　on-delay circuit …… 222

か　行

加圧露点　pressure dew point ……… 161
回転速度制御方式
　　rotation speed control …………… 77
ガイド付きシリンダ　cylinder with guide … 189
カットオフ軸入力
　　input power of full cut-off ………… 30
カートリッジ弁　cartridge valve ……… 44
管内流速　pipe flow velocity ………… 82
管の厚さ　thickness of tube ………… 84
管摩擦係数
　　friction coeffient for pipe flow …… 26
管路の圧力損失
　　pressure losses of pipe flow ……… 26
管路フィルタ　filter …………………… 54
機械安全　safety machinery ………… 106
基準状態　normal condition ………… 136
気泡　bubble ………………………… 16
キャビテーション　cavitation ………… 80
ギヤポンプ　gear pump ……………… 28
ギヤモータ　gear motor ……………… 49
急速排気弁　quick-exhaust valve …… 181, 205
給油　lubrication …………………… 231

253

索　引

空気圧縮機　air compressor ……………… 156
空気消費量　air consumption ……………… 141
口　金　capsule ……………………………… 27
クッション（機構）　cushioning ……… 50, 187
クローズドセンタ　closed centre ……… 215, 244

ゲージ圧力　gauge pressure ………… 20, 136
減圧弁　pressure-reducing valve,
　　pressure regulator ………………… 33, 168

国際安全規格
　　international safety standard …………… 241

さ　行

サイレンサ　pneumatic silencer ………… 182
サクション配管　suction pipe …………… 27
座　屈　cylinder buckling ………………… 52
サージタンク　surge tank ………………… 157
サージ電圧　surge voltage ……………… 176
作動油　hydraulic fluid …………………… 14
差動回路　regenerative circuit ……… 70, 100
サーボ弁　servo valve …………………… 43
サーモスタット　thermostat ……………… 9
残圧排気弁　dump valve ……… 205, 209, 243

自己保持回路　self hold circuit …… 213, 223
絞　り　restrictor ………………………… 205
絞り弁　restrictor valve ………………… 37
遮断弁　shut-off valve …………………… 205
シャトル弁　shuttle vavle ……………… 75, 205
斜板式ピストンポンプ
　　swash plate type piston pump ……… 30
ジャンピング現象
　　jumping phenomenon …………………… 73
周波数応答特性
　　frequency characteristic ……………… 44
縮　流　contraction ……………………… 27
ショックアブソーバ
　　hydraulic shock absorber ………… 193, 217
シリアル伝送　serial communication ……… 238
シリンダ　cylinder …………………… 50, 183
真空パッド　vacuum suction cup ………… 198

水冷式クーラ　cooler ……………………… 55
図記号　graphical symbols …………… 10, 200
スティックスリップ　stick-slip …………… 52

ステップ信号　step signal ……………… 104
ストレーナ　strainer ……………………… 53
スプリングバック　spring back ………… 105
スプール　spool …………………………… 34
スプール弁　spool valve ………………… 174
滑り弁　slide valve ……………………… 174
スラッジ　sludge ………………………… 14

制御精度　control presision …………… 123
清浄度レベル　cleanliness level ………… 99
静特性　static characteristic …………… 44
石油系作動油　mineral oil ………………… 93
接続口　port ……………………………… 11
絶対圧力　absolute pressure ………… 20, 136
ゼロラップスプール　zero lap spool …… 125

層　流　laminar flow …………………… 24
速度制御弁
　　one-way flow control valve ……… 178, 214
ソフトスタート弁
　　soft(slow)-start valve ………………… 247
空油増圧器　air-oil pressure intensifier … 227
損失係数　loss coefficient ………………… 27

た　行

第2種圧力容器
　　second class pressure vessel ………… 241
大気圧露点　atmosheric dew point ……… 161
体積弾性係数　bulk modulus of a fluid …… 17
タイミングチャート　timing diagram …… 233
単動シリンダ
　　single-acting cylinder ………… 49, 184, 211
チェック弁　check valve ………………… 205
中央位置　valve center position ………… 40
直動形圧力制御弁　direct operated pressure
　　control valve ……………………………… 35
直動形電磁弁　solenoid operated directional
　　cotrol valve ……………………………… 175
直動形リリーフ弁　direct relief valve …… 32
追従誤差　tracking error ………………… 125
停止誤差　stop error …………………… 125
定常流　steady flow ……………………… 20
デテント形　detent type ………………… 107

索 引

電気ダイレクト制御方式　electrical direct
　　piston pump control ………………… 77
電空レギュレータ　electrical pressure
　　control valve………………………… 228
電磁弁　solenoid valve ………………… 40
電磁弁マニホールド
　　manifold aassembly ………………… 177

動特性　dynamic characteristic ……… 44
動粘度　kinematic viscosity …………… 15
動粘度-温度チャート　kinematic viscosity-
　　tempereture chart …………………… 15
動　力　power …………………………… 21
ドレン　drain …………………………… 241
ドレンポート　srain port ……………… 11

な 行

熱伝達係数　coefficient of heat transfer …… 97
粘　性　viscosity………………………… 14
粘　度　viscosity………………………… 14

ノーマル位置　normal position ……… 174

は 行

背　圧　back pressure ………………… 82
配　管　piping………………………… 235
排気フィルタ　exhaust filter ……… 181, 211
パイロット形電磁弁　solenoid operated pilot
　　operated directional cotrol valve ……… 175
パイロット作動形リリーフ弁
　　pilot relief valve …………………… 32
パイロットポート　pilot port ………… 11
パスカルの原理　Pascal's principle …… 1, 138

ピストン　piston ……………………… 35
標準状態　stndard condition ………… 136
比例制御弁　proportional control valve …… 180
比例ソノレイド　propotional solenoide …… 40
比例電磁式制御弁
　　proportional control valve ………… 40

ファンクーラ　fan-cooler ……………… 56
フィードバック制御
　　feed-back control system …………… 43
フィルタ　filter ……………………… 53, 165

フィルタエレメント　filter element ……… 158
フィールドバス　fieldbus …………… 238
負荷ボリューム　load volume ……… 104
複動シリンダ
　　double-acting cylinder ……… 49, 184, 211
ブースタシリンダ　booster cylinder ……… 66
ブラジウスの式　Blasius equation ……… 26
ブラダ式アキュムレータ（Acc）
　　bladder accumulator ……………… 118
ブリードオフ回路　bleed-off circuit ……… 70
フルフロー軸入力
　　input power at full flow ……………… 30
ブレーキ付きシリンダ
　　cylinder with brake ……… 190, 219, 245
プレッシャセンタ
　　centre open to pressure ……………… 215
プレフィル弁　prefill valve …………… 38
分岐管　branch ………………………… 27
分流弁　flow divider …………………… 73

閉回路　closed circuit ………………… 75
平均ろ過率　filtration ratio …………… 55
閉ループ制御　closed-loop control ……… 109
ベータ値　filtration ratio ……………… 55
ベルヌーイの定理　Bernoulli's theorem … 22
ベーンポンプ　vane pump …………… 28
ベーンモータ　vane motor …………… 49

ボイル・シャルルの法則
　　Boyle-Charle's low ………………… 137
方向切換弁　directional control valve ……… 172
飽和水蒸気量
　　amount of saturered water vapor ……… 162
ポペット弁　poppet valve ………… 44, 174
ポリトロープ指数　politropic index ……… 116

ま 行

水-グリコール　water-glycol solution …… 93

無給油　non-lubrication ……………… 231
無接点シリンダスイッチ　solid state type
　　for pneumatic cylinder ……………… 188
無負荷最大速度
　　no-load maximum speed …………… 124

メータアウト制御　meter-out control ……… 178

索　引

メータアウト（制御）回路
　　meter-out control circuit ……… 70, 214
メータイン制御　meter-in control ……… 178
メータイン（制御）回路
　　meter-in control circuit ……… 70, 214

や 行

油圧回路　hydraulic circuit ……………… 8
油圧系の共振周波数　resonant frequency … 123
油圧装置　hydraulic power unit …………… 2
油圧ポンプ　hydraulic pump ……………… 4
油圧モータ　hydraulic motor …………… 49
有効断面積　effective sectional area ……… 142
有接点シリンダスイッチ　read switch type
　　for pneumatic cylinder ……………… 188
油　撃　oil-hammer ……………………… 82
ユニット　unit …………………………… 200

揺動形アクチュエータ
　　semi-rotary actuator ……………… 49, 192

ら 行

ラジアルピストン形モータ
　　radial piston motor ………………… 50
ラムシリンダ　ram cylinder ……………… 86
乱　流　torbulent flow …………………… 24

リスクアセスメント
　　risk-assessment ……………… 106, 241
流　速　flow velocity …………………… 20
流　量　flow rate ………………… 20, 142
流量計　flowmeter ……………………… 205
流量制御弁　flow control valve ………… 178
流量調整弁　pressure-compensated flow
　　control valve ………………………… 37
リリーフ弁　pressure relief valve ……… 168
リリーフ付き減圧弁
　　relieving pressure-reducing valve …… 103
理論推力　theoretical cylinder force … 140, 225
臨界圧力比　critical pressure ratio ……… 142
リン酸エステル　phosphate ester fluid …… 93

ループゲイン　loop gain ………………… 123
ルブリケータ　penumatic lubricator ……… 167

レイノルズ数　Reynolds number ………… 24
レギュレータ　regulator ………………… 168
レシーバ　receiver ……………………… 157
レベルスイッチ　liquid level switch ……… 9
連続の式　equation of continuity …… 21, 139
連続の法則　low of succession …………… 139

ロッキング回路　locking circuit ……… 24, 125
ロックアウトバルブ　lockout valve ……… 205
ロック付きシリンダ
　　cylinder with latch ………… 190, 218, 246
ロッドレスシリンダ　rodless cylinder …… 189
露　点　dew point ……………………… 161
ロードセンシング制御
　　load sensing control ………………… 76

英 字

AND 回路　AND circuit ………………… 220

Barlow の実験式　Barlow equation ……… 84

DELAY 信号　delay signal ……………… 104

FLIP - FLOP 回路　flip-flop circuit ……… 220

LAMP 信号　lamp signal ………………… 104

NAND 回路　NOT-AND circuit …………… 221
NOR 回路　NOT-OR circuit ……………… 221
NOT 回路　NOT circuit ………………… 221

OR 回路　OR circuit …………………… 220

P - T 接続　tandem connection ……… 41, 63

SI 接頭語　SI prefix ……………………… 18
SI 単位　SI unit ………………………… 18

〈著者略歴〉

渋谷文昭（しぶや　ふみあき）
［油圧編担当］
1973 年 3 月　東京電機大学工学部精密機械工学科卒業
1973 年 4 月　株式会社東京計器
2020 年 3 月　東京計器株式会社　退職
現　　在　　油圧装置調整の中央技能検定委員
■主な著書
「実用油圧ポケットブック（2020 年版）」2021 年（共著），日本フルードパワー工業会
「油圧基幹技術－伝承と活用」，2014 年（共著），日本工業出版
「トコトンやさしい油圧の本」，2015 年，日刊工業新聞社
「わかる！使える！　油圧入門」，2018 年，日刊工業新聞社

増尾秀三（ますお　しゅうぞう）
［空気圧編担当］
1986 年　明治大学工学部精密機械工学科卒業
1986 年　CKD 株式会社
現　　在　同上　コンポーネント本部 FA システムビジネスユニット
■主な著書
「実用空気圧ポケットブック（2020 年版）」2021 年（共著），日本フルードパワー工業会
「空気圧システムの安全確保のためのリスク低減に関するガイドブック」2013 年（共著），日本フルードパワー工業会

- 本書の内容に関する質問は，オーム社ホームページの「サポート」から，「お問合せ」の「書籍に関するお問合せ」をご参照いただくか，または書状にてオーム社編集局宛にお願いします．お受けできる質問は本書で紹介した内容に限らせていただきます．なお，電話での質問にはお答えできませんので，あらかじめご了承ください．
- 万一，落丁・乱丁の場合は，送料当社負担でお取替えいたします．当社販売課宛にお送りください．
- 本書の一部の複写複製を希望される場合は，本書扉裏を参照してください．

JCOPY ＜出版者著作権管理機構　委託出版物＞

油圧・空気圧回路
書き方＆設計の基礎教本

2016 年 9 月 20 日　第 1 版第 1 刷発行
2024 年 4 月 10 日　第 1 版第 5 刷発行

編　　者　一般社団法人　日本フルードパワー工業会
著　　者　渋谷文昭・増尾秀三
発行者　村上和夫
発行所　株式会社オーム社
　　　　郵便番号　101-8460
　　　　東京都千代田区神田錦町 3-1
　　　　電話　03(3233)0641（代表）
　　　　URL　https://www.ohmsha.co.jp/

© 一般社団法人 日本フルードパワー工業会 2016

組版　新生社　　印刷　美研プリンティング　　製本　協栄製本
ISBN978-4-274-21935-1　Printed in Japan